作者简介：山宝琴，1970年，汉族，新疆乌鲁木齐市人。西北农林科技大学理学博士，环境生态方向。延安大学石油工程与环境工程学院环境专业教师，副教授，硕士生导师。

绿山青山就是金山银山

陕北黄土高原新貌

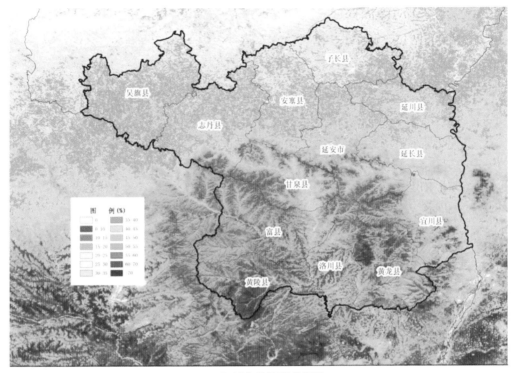

2012 年延安植被覆盖度图

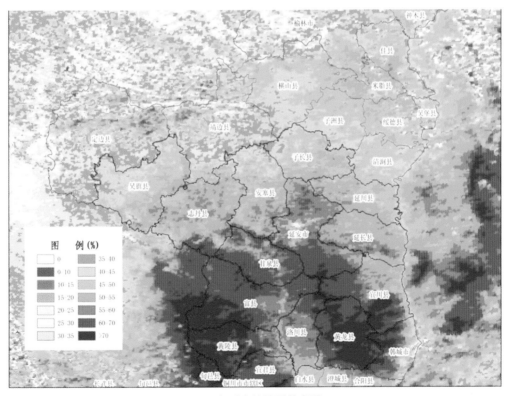

2016 年延安植被覆盖度图

生态环境旧貌换新颜——退耕还林草工程效果显著

　　"千万条腿来千万只眼，也不够我走来也不够我看。——对照过去我认不出了你，母亲延安换新衣。"贺敬之《回延安》

　　感谢延安市退耕还林工程管理办公室提供照片！

生态环境影响评价

山宝琴 著

西安交通大学出版社
XI'AN JIAOTONG UNIVERSITY PRESS

图书在版编目(CIP)数据

生态环境影响评价/山宝琴著 . —西安:西安
交通大学出版社,2018.6
ISBN 978 - 7 - 5693 - 0673 - 6

Ⅰ.①生… Ⅱ.①山… Ⅲ.①环境生态评价
Ⅳ.①X826

中国版本图书馆 CIP 数据核字(2018)第 125065 号

书　　名	生态环境影响评价	
著　　者	山宝琴	
责任编辑	郭鹏飞	

出版发行	西安交通大学出版社
	(西安市兴庆南路 10 号　邮政编码 710049)
网　　址	http://www.xjtupress.com
电　　话	(029)82668357　82667874(发行中心)
	(029)82668315(总编办)
传　　真	(029)82668280
印　　刷	北京虎彩文化传播有限公司

开　　本	787mm×1092mm　1/16　印张 9.375　字数 214 千字
版次印次	2018 年 8 月第 1 版　2018 年 8 月第 1 次印刷
书　　号	ISBN 978 - 7 - 5693 - 0673 - 6
定　　价	68.00 元

读者购书、书店添货、如发现印装质量问题,请与本社发行中心联系、调换。
订购热线:(029)82665248　(029)82665249
投稿 QQ:21645470
读者信箱:21645470@qq.com

序

  我国已经进入了社会主义建设的新阶段,生态文明建设已成为统筹推进"五位一体"总体布局和协调推进"四个全面"战略布局的重要内容。其中,"绿水青山就是金山银山"逐渐成为生态文明建设的关键认识。2017 年 10 月 18 日召开的党的十九大会议中前所未有地提出了"像对待生命一样对待生命环境""实行最严格的生态环境保护制度"等论断。当前,我国的土地退化、水土流失、生物多样性破坏、空气和水资源污染等生态环境问题依然严峻。我国社会主要矛盾已转化为人民日益增长的美好生活需要和不平衡不充分的发展之间的矛盾。"青山绿水"的良好生态环境已成为每个中国人的梦想。

  在十九大报告中,特别指出了要改革和健全我国的生态环境监管体制。生态环境影响评价制度是生态环境监管体制的重要组成部分。我国的生态环境影响评价制度在环境保护实践中发挥了积极作用,对于改革传统工业的布局模式、科学化区域发展的方向和规模、推动污染减排工作的落实、实现资源的持续利用、促进社会—经济—生态协调发展和生态文明建设有着十分重要的现实意义。

  良好的制度是规范行为的准则,制度和方法的及时更新和传播也是确保良好制度广泛传播、落地生根、有效实施的重要环节。生态环境影响评价的发展非常迅速,新的政策、法规、导则和方法层出不穷。相应的专业著作也需要与时俱进,兼收并蓄。但是有关生态环境影响评价的专著数目较少,且出版时间较早。

  延安大学山宝琴副教授等应环境影响评价专业人员对相关理论和实践学习的需要,在研究和总结国内外生态环境影响评价研究的最新成果基础上。结合自己多年的教学和研究实践,撰写了《生态环境影响评价》一书。该书含八个章节,分别介绍了生态环境影响评价的发展历史、生态学的理论基础、生态环境影响评价的基本程序、生态环境现状调查与评价、生态影响预测与评价、生态环境影响评价的主要方法、生态环评的峻工保护验收,并列举了生态环境影响评价的案例。

  书中概念严谨、结构合理、层次分明、内容丰富、前后连贯、自成体系。文字深入浅出、通俗易懂,适合广大环境影响评价从业者、高校教师和环境类专业学生的学习和使用。可以预见,该书的出版必将会产生积极的环境、经济和社会效益。值此该书付梓之际,谨书数言为序。

签名:曹祖来

北京清华园

2018 年 1 月

目　录

第1章 生态环境影响评价的发展沿革

1.1 我国环境影响评价的发展

1.1.1 引入和确立阶段

1973 年第一次全国环境保护会议后,我国环境保护工作全面起步。1974—1976 年"北京西郊环境质量评价研究"和"官厅水系水源保护研究"工作的开展,是我国首次对环境质量评价及其方法进行研究和探索。北京师范大学等单位进行的江西永平铜矿环境影响评价是我国首个建设项目的环境影响评价。

1978 年 12 月 31 日,中发[1978]79 号文件批转的原国务院环境保护领导小组《环境保护工作汇报要点》中,首次提出了环境影响评价的意向。

1979 年 9 月,《中华人民共和国环境保护法(试行)》颁布,规定:一切企业、事业单位的选址、设计、建设和生产,都必须注意防止对环境的污染和破坏。在进行新建、改建和扩建工程中,必须提出环境影响报告书,经环境保护主管部门和其他有关部门审查批准后才能进行设计。从此,标志着我国的环境影响评价制度正式确立。

1.1.2 规范和建设阶段

1980—1989 年我国相继颁布了多项环境保护法律、法规和部门行政规章,不断对环境影响评价进行规范。

法律规范:《中华人民共和国海洋环境保护法》(1982 年)、《中华人民共和国水污染防治法》(1984 年)、《中华人民共和国大气污染防治法》(1987 年)、《中华人民共和国野生动物保护法》(1988 年)、《中华人民共和国环境噪声污染防治条例》(1989 年)、《中华人民共和国环境保护法》(1989 年)。

行政法规:1981 年,原国家计委、国家经委、国家建委、国务院环境保护领导小组联合颁发的《基本建设项目环境保护管理办法》,明确把环境影响评价制度纳入基本建设项目审批程序中。1986 年原国家计委、国家经委、国务院环境保护委员会联合颁发的《建设项目环境保护管理办法》中,对建设项目环境影响评价的范围、内容、审批和环境影响报告书(表)的编制格式都做了明确规定,促进了环境影响评价制度的有效执行。

部门规章:1986 年,原国家环境保护局颁布《建设项目环境影响评价证书管理办法(试行)》,在我国开始实行环境影响评价单位的资质管理。国家环保局等部门还先后制订了《关于建设项目环境影响报告书审批权限问题的通知》(1986)、《关于建设项目环境管理问题的若干意见》(1988)、《关于重新审核设施环境影响报告书审批程序的通知》(1989)、《建设项目环境影响评价证书管理办法》(1989)、《关于颁发建设项目环境影响评价收费标准的原则与方法(试行)的通知》(1989)等。

1989 年 12 月 26 日颁布的《中华人民共和国环境保护法》第十三条规定：

建设污染环境的项目,必须遵守国家有关建设项目环境保护管理的规定。建设项目的环境影响报告书,必须对建设项目产生的污染和对环境的影响作出评价,规定防治措施,经项目主管部门预审并依照规定的程序报环境保护行政主管部门批准。环境影响报告书经批准后,计划部门方可批准建设项目设计任务书。

国家再一次用法律确认了建设项目环境影响评价制度,并为行政法规中具体规范环境影响评价提供了法律依据和基础。

1.1.3 强化和完善阶段

1990—1998 年,建设项目的环境保护管理,特别是环境影响评价制度得到强化,开展了区域环境影响评价,并针对企业长远发展计划进行了规划环境影响评价。针对投资多元化造成的建设项目多渠道立项和开发区的兴起,1992 年原国家环境保护局和对外经济贸易部下发了《关于加强外商投资建设项目环境保护管理的通知》。1993 年原国家环境保护局下发了《关于进一步做好建设项目环境保护管理工作的几点意见》,提出先评价、后建设,并对环境影响评价分类指导和开发区区域环境影响评价做出规定。

1994 年起,开始了建设项目环境影响评价招标试点工作,并陆续颁布实施了《环境影响评价技术导则(总纲、地面水环境、大气环境)》《电磁辐射环境影响评价方法与标准》《火电厂建设项目环境影响报告书编制规范》《环境影响评价技术导则(非污染生态影响)》等。1996 年召开了第四次全国环境保护工作会议,发布了《国务院关于环境保护若干问题的决定》。各地加强了对建设项目的审批和检查,并实施污染物排放总量控制,增加了"清洁生产"和"公众参与"的内容,在注重对环境污染进行环评的同时,加强了生态影响项目的环境影响评价,防治污染和保护生态并重。

1998 年 11 月 29 日,国务院 253 号令颁布实施《建设项目环境保护管理条例》,这是建设项目环境管理的第一个行政法规,对环境影响评价做了全面、详细、明确的规定。1999 年 3 月,依据《建设项目环境保护管理条例》,原国家环境保护总局颁布第 2 号令,公布了《建设项目环境影响评价资格证书管理办法》,对评价单位的资质进行了规定。同年 4 月,原国家环境保护总局《关于公布建设项目环境保护分类管理名录(试行)的通知》,公布了分类管理名录。

这一阶段,我国的建设项目环境影响评价从法规建设、评价方法建设、评价队伍建设,以及评价对象和评价内容的拓展、环境影响评价的公众参与等方面,取得了全面进展。

1.1.4 提高和拓展阶段

2002 年 10 月 28 日,第九届全国人大常委会通过《中华人民共和国环境影响评价法》,环境影响评价从建设项目环境影响评价扩展到规划环境影响评价,使环境影响评价制度得到最新的发展。2004 年 2 月,原人事部、国家环境保护总局在全国环境影响评价系统建立环境影响评价工程师职业资格制度,对从事环境影响评价工作的有关人员提出了更高的要求。

2009 年 8 月 17 日,国务院颁布了《规划环境影响评价条例》,自 2009 年 10 月 1 日起施行。这是我国环境立法的重大进展,标志着环境保护参与综合决策进入了新阶段。

1.2　我国生态环境影响评价的产生与发展

1.2.1　生态环境影响评价的产生

我国生态环境影响评价的产生始于环境影响评价的强化和完善阶段,1997 年《环境影响评价技术导则——非污染生态影响》由国家环境保护局批准,1998 年 6 月 1 日正式实施。此导则适用于水利、水电、矿业、农业、林业、牧业、交通运输和旅游等行业开发利用自然资源,海洋及海岸带开发,对生态环境造成影响的建设项目和区域开发项目环境影响评价中的生态影响进行评价[1]。导则弥补了以往不能满足生态影响评价要求的缺陷,进一步完善和充实了环境影响评价制度,适应了新形势下保护生态环境的需要。对全面做好生态环境保护工作,确保经济可持续发展具有重要的意义。表明我国环境影响评价发展到了一个全新的高度——从污染防治到生态保护。

国家环境保护总局(2006)发布《生态环境状况评价技术规范(试行)》,该规范规定了生态环境状况评价的指标体系和计算方法。适用于我国县级以上区域生态环境现状及动态趋势的年度综合评价[2],规定了生态环境状况的定量评价方法。依据此规范不但能够进行生态环境质量评价,而且能够进行生态环境影响预测。进一步充实和完善了生态环境影响评价方法,为生态评价工作提供了量化评价的依据。

1.2.2　生态环境影响评价的发展

2011 年 4 月由国家环保部批准发布《环境影响评价技术导则　生态影响》HJ19—2011,进入国家强制性环境保护标准体系,已于 2011 年 9 月 1 日起正式实施,原《环境影响评价技术导则　非污染生态影响》HJ/T19—1997 废止。按照新导则的规定,凡是建设项目影响到生态系统及其组成因子,就应依据本导则进行生态影响评价,其适用范围进一步扩大。这在一定程度上打破了原来的工业类项目的评价重污染影响、轻生态影响的现象。新导则细化了敏感区的定义和划分,简化了评价等级的判定依据,明确了评价范围的划定原则,规范了现状调查、影响预测及环保措施的内容方法和成果,从而增强了导则的实际可操作性与灵活性,体现了导则的科学性、先进性、实用性和指导性等特点,显著提高了生态影响评价工作的水平[3]。

1.2.3　生态环境影响评价的强化

2012 年 11 月,党的十八大报告提出了经济建设、政治建设、文化建设、社会建设和生态文明建设"五位一体"的总体布局,生态文明建设提高到前所未有的高度。

2015 年 1 月 1 日实施的《中华人民共和国环境保护法》第三章明确规定:

第二十九条　国家在重点生态功能区、生态环境敏感区和脆弱区等区域划定生态保护红线,实行严格保护。

各级人民政府对具有代表性的各种类型的自然生态系统区域,珍稀、濒危的野生动植物自然分布区域,重要的水源涵养区域,具有重大科学文化价值的地质构造、著名溶洞和化石分布区、冰川、火山、温泉等自然遗迹,以及人文遗迹、古树名木,应当采取措施予以保护,严禁破坏。

第三十条　开发利用自然资源,应当合理开发,保护生物多样性,保障生态安全,依法制定有关生态保护和恢复治理方案并予以实施。

引进外来物种以及研究、开发和利用生物技术，应当采取措施，防止对生物多样性的破坏。

第三十一条 国家建立、健全生态保护补偿制度。

国家加大对生态保护地区的财政转移支付力度。有关地方人民政府应当落实生态保护补偿资金，确保其用于生态保护补偿。

国家指导受益地区和生态保护地区人民政府通过协商或者按照市场规则进行生态保护补偿。

被称为史上最严的《中华人民共和国环境保护法》(2015)首次将生态保护红线写入法律，为生态文明建设提供了可靠保障，构筑了一道"高压线"。

2017年10月，十九大报告中指出，"坚持人与自然和谐共生。建设生态文明是中华民族永续发展的千年大计。必须树立和践行绿水青山就是金山银山的理念，坚持节约资源和保护环境的基本国策，像对待生命一样对待生态环境，统筹山水林田湖草系统治理，实行最严格的生态环境保护制度，形成绿色发展方式和生活方式，坚定走生产发展、生活富裕、生态良好的文明发展道路，建设美丽中国，为人民创造良好生产生活环境，为全球生态安全作出贡献。"如图1-1所示为制度与可持续发展间的关系。

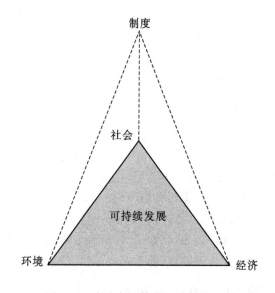

图1-1 制度与可持续发展间的关系

我们要建设的现代化是人与自然和谐共生的现代化，既要创造更多物质财富和精神财富以满足人民日益增长的美好生活需要，也要提供更多优质生态产品以满足人民日益增长的优美生态环境需要。必须坚持节约优先、保护优先、自然恢复为主的方针，形成节约资源和保护环境的空间格局、产业结构、生产方式、生活方式，还自然以宁静、和谐、美丽。

1. 要推进绿色发展

加快建立绿色生产和消费的法律制度和政策导向，建立健全绿色低碳循环发展的经济体系。构建市场导向的绿色技术创新体系，发展绿色金融，壮大节能环保产业、清洁生产产业、清洁能源产业。推进能源生产和消费革命，构建清洁低碳、安全高效的能源体系。推进资源全面节约和循环利用,实施国家节水行动,降低能耗、物耗,实现生产系统和生活系统循环链接。倡导简约适度、绿色低碳的生活方式,反对奢侈浪费和不合理消费,开展创建节约型机关、绿色家庭、绿色学校、绿色社区和绿色出行等行动。

2. 要着力解决突出环境问题

坚持全民共治、源头防治,持续实施大气污染防治行动,打赢蓝天保卫战。加快水污染防治,实施流域环境和近岸海域综合治理。强化土壤污染管控和修复,加强农业面源污染防治,开展农村人居环境整治行动。加强固体废弃物和垃圾处置。提高污染排放标准,强化排污者责任,健全环保信用评价、信息强制性披露、严惩重罚等制度。构建政府为主导、企业为主体、社会组织和公众共同参与的环境治理体系。积极参与全球环境治理,落实减排承诺。

3. 要加大生态系统保护力度

实施重要生态系统保护和修复重大工程,优化生态安全屏障体系,构建生态廊道和生物多样性保护网络,提升生态系统质量和稳定性。完成生态保护红线、永久基本农田、城镇开发边界三条控制线划定工作。开展国土绿化行动,推进荒漠化、石漠化、水土流失综合治理,强化湿地保护和恢复,加强地质灾害防治。完善天然林保护制度,扩大退耕还林还草。严格保护耕地,扩大轮作休耕试点,健全耕地草原森林河流湖泊休养生息制度,建立市场化、多元化生态补偿机制。

4. 要改革生态环境监管体制

加强对生态文明建设的总体设计和组织领导,设立国有自然资源资产管理和自然生态监管机构,完善生态环境管理制度,统一行使全民所有自然资源资产所有者职责,统一行使所有国土空间用途管制和生态保护修复职责,统一行使监管城乡各类污染排放和行政执法职责。构建国土空间开发保护制度,完善主体功能区配套政策,建立以国家公园为主体的自然保护地体系。坚决制止和惩处破坏生态环境行为。

生态文明建设功在当代、利在千秋。我们要牢固树立社会主义生态文明观,推动形成人与自然和谐发展现代化建设新格局,为保护生态环境作出我们这代人的努力。

1.3　国内外研究现状

生态影响评价是环境影响评价的关键组成,将生态系统及其组成纳入环境影响评价的开展过程,为保护和管理生态系统提供了方案。由于自然环境与资源固有的生态学特征,生态环境影响研究的理论体系不同于以污染物为主要特征的建设项目研究,生态环境影响评价是一个全新领域,涉及面广、影响深远且无可借鉴,生态影响评价的理论和方法还没有统一的认识,在实践和应用中遇到不少问题和困难。

美国是较早开展生态影响评价的国家,从 20 世纪 70 年代开始,为了建立生态影响预测和评价中的结构化方法,美国的研究者开发了多种基于栖息地和生态系统的生态影响评价方法,最常用的是生境评价系统(Habitat Evaluations System,HES)和生境评价程序(Habitat Evaluations Program,HEP),HES 主要用于密西西比河下游地区的洼地森林生境的评价,而 HEP 则被广泛接受用于区域生态影响的评价[4-5]。评价生态可持续发展的环境影响指数也逐步发展丰富,大致可分为三个阶段(见图 1-2)。

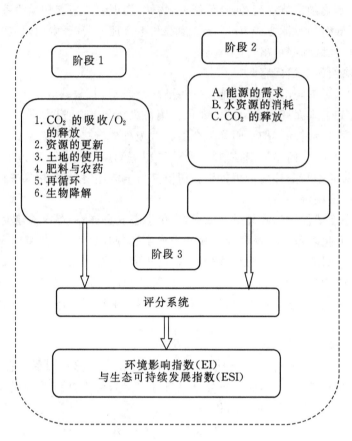

图 1-2　环境影响指数发展的阶段

20 世纪 90 年代以来,生态学进一步蓬勃发展,地理学、生物学、信息学、规划学、测绘学、生物多样性研究等各领域的研究成果也层出不穷,各学科的融合交叉为生态科学发展带来更大的机遇,学科内宏观与微观的结合也越来越紧密,研究范围和尺度不断扩展,研究手段更加多样化,使生态科学走向多层次、高技术、系统化的全新时代,从而使现代生态学发展表现出向学科精细化和宏观化的两极发展态势。一方面生态系统的细化为人工生态系统中的农业生态系统和城市生态系统,自然生态系统中的湿地生态系统、森林生态系统、草原生态系统和湖泊生态系统等。另一方面又向景观生态系统、生物多样性、生态系统服务、遥感技术等宏观学科领域发展,如图 1-3 所示。

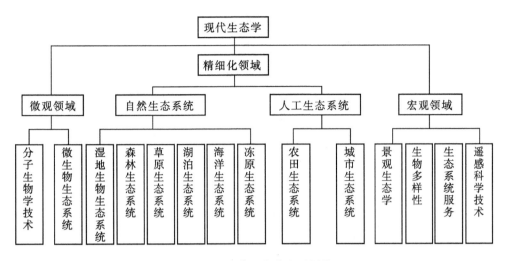

图 1-3　现代生态学主要领域

1.3.1　精细化生态系统的环境影响评价

一、人工生态系统的环境影响评价

1. 农业生态系统

农业生态系统是由一定农业地域内相互作用的生物因素和非生物因素构成的功能整体，人类生产活动干预下形成的人工生态系统。农业生态学是研究研究农业耕作系统的生态功能，是生态学理论在食物生产系统中的应用与实践。农业生态学始于农业可持续发展所面临的挑战，主要关注于农业环境、农业生物的个体生态、种群和群落生态、农业生态系统生态，如农业生态系统的结构、农业生态系统的功能、农业生态系统的调控等核心内容。

1981 年，美国农业科学家莱斯特·布朗（Lester R. Brown）对"可持续发展观"进行了系统的阐述，从此奠定了农业持续发展的理论基础。1984 年，哥尔丹·K·道格拉斯提出并分析了"农业的持续性"。1994 年 3 月 25 日，《中国 21 世纪议程》经国务院第十六次常务会议审议通过，并强调指出：农业和农村的可持续发展，是中国可持续发展的根本保证和优先领域。中国的农业和农村要摆脱困境，必须走可持续发展之路。如图 1-4 所示为可持续发展的农业生态系统图。

Altieri[6]认为农业生态环境应当重视循环体系建设并维护土壤有机组分，充分利用物种多样性与遗传多样性以便提高太阳能、水分和养分等自然资源利用率，还应当通过扩大物种间互利关系来强化生态系统的服务功能。De Schutter[7]认为农业生态发展要充分模拟和利用自然进程，以流域、区域和生态系统的整体生物多样性为基础、以物质循环和能源流动为动力来构建农业生态系统的多功能协调。农业生态环境质量评价的方法与模型较多，比如综合指数法、层次分析法、模糊综合评价法、灰色综合聚类法、神经网络评价模型、投影寻踪模型以及基于遥感和地理信息系统的多源数据分析模型等[8-9]。较多运用于定时、定区域研究，但是农业生态环境质量的动态变化分析及对未来发展趋势的预测相对缺乏。

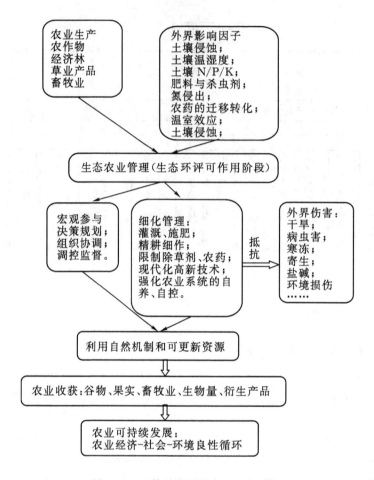

图 1-4 可持续发展的农业生态系统

我国农业生态系统是以农区生物与环境为基础,通过能量流与物流整合而成的开放系统,其中农区景观生态规划、农业生态系统循环设计、农业生物多样性关系构建是系统稳定的 3 个最重要方面[10-11]。

2. 城市生态系统

城市生态环境质量评价是城市生态学研究的重要领域,是城市区域规划、生态管理的基础。它是以城市空间范围内的居民以及城市环境系统为主体对象,从城市生态系统的结构功能、输入输出、调控效能等方面分析预测,实现城市生态系统可持续发展为目标,综合评估城市生态环境状况的过程。城市生态环境质量评价主要从土地利用规划、城市区域规划、生物多样性保护、未来可持续发展等方面来构建城市生态评估方法[12]。国外城市生态环境质量评价较注重实际问题的研究,多从城市区域规划、生物多样性保护角度出发[13-14]。我国城市生态环境质量评价多围绕城市发展可持续性、城市生态和谐及城市生态安全等。比如:吴琼等构建了反映生态城市的内涵和衡量生态城市各子系统的状态、动态和实力指标体系,提出了全排列多边形图示指标评价方法[12];刘芳等利用遥感技术对上海市外环线以内城区进行城市生态环境基础状况的质量评价,尝试建立了一套适合城市生态环境基础状况质量评价的评价方法和模型[15]。王平等从生态学的角度分析城市生态环境系统的主体和重点,综合评估了南京市城市环境和格局[16]。万本太等[17]则选取了 10 类城市生态环境质量评价指数,对 7 个城市生态环境质量进行了评价,建立的评价方法为城市规划、城市生态环境整治和城市生态环境管理提供了基础。城市生态系统组成如图 1-5 所示。

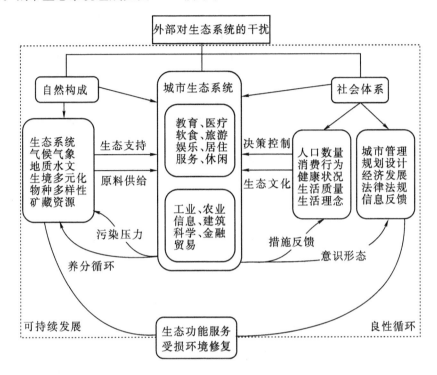

图 1-5　城市生态系统组成

二、自然生态系统的环境影响评价

自然生态系统是在一定时间和空间范围内,依靠自然调节能力维持的相对稳定的生态系统。由于自然生态系统的反馈和平衡机制,当生态系统受到外界干扰破坏时,通过自我调节的作用可以得到修复,维持其稳定与平衡。但当外界压力很大,使系统的变化超过"生态阈限"时,生态系统结构破坏,服务功能受阻,生态平衡失调。因此,根据人类活动对自然生态系统可能造成的不良影响及时开展调查,对自然生态系统发展进行预测与分析,评估自然生态系统受损程度,并保护潜在价值实现良性循环是非常重要的工作。

1.湿地生态系统

湿地通常指天然或人工、永久或暂时性的沼泽地、湿原、泥炭地或水域地带,带有静止或流动,淡水、半咸水或咸水水体,包括低潮时水深不超过 6 米的水域。此外还包括邻接湿地的河湖沿岸、沿海区域以及湿地范围的岛或低潮时水深不超过的沿岸带水区。湿地是处于水域与陆地过渡地段的特殊生态系统,由于"边缘效应"的存在,使得湿地成为具有多种功能的独特生态系统,也是自然界最富生物多样性的生态景观,被称为"地球之肾"。世界上最早关于湿地的定义是 1956 年由美国渔业和野生局在《美国的湿地》中提出的,1971 年由 36 个国家签署的《湿地公约》中对湿地的定义则是在国际上沿用最为广泛[18]。在美国湿地保护工作一直走在世界前列,尤其环境影响评价制度对湿地资源的保护及可持续发展起到了独特的作用。美国

《清洁水法》中明确规定了公众参与的法律地位,要求必须附具公众对湿地状况改变的书面意见。1991 年 Simenstad 等建立的"湿地评价技术"(WET),是评价项目对湿地生境功能影响的生境评价方法,该技术通过生境内能代表研究区域的物种和特征的因子,来识别湿地的物理特征。1993 年建立了宾夕法尼亚修正 HEP (PAM HEP),能简化现场采样程序,减少分析所需的时间和人力。海湾生境评价(EHA)方案是对 HEP 和 WET 的补充,用于定量评价海湾湿地和沿海区域中鱼类和野生动物生境的功能[19]。韩国是一个三面环海的半岛国家,一直注重对滨海湿地的保护工作,《海洋环境管理法》中确立了滨海湿地必须实施环境影响评价制度。任何针对滨海湿地的决策过程,都充分考虑海洋环境的特点,从源头上控制人类对滨海湿地可能产生的不良影响[20]。21 世纪伊始,英国和澳大利亚等国家都相继开展了"河流健康计划",对河流湿地状况进行了评价[21-22]。湿地生态系统健康评价主要有:HEC 和 WASP 水质模型,P-S-R 模型,指示物种法,神经网络模型,结构功能指标法,美国环保署的三层架构模型,模糊综合评判法等多种方法。

早在 20 世纪 60 年代初,我国就开始了湿地的考察和开发利用研究,主要研究了湿地分布、类型、成因、发育及资源存储量,分析了湿地水文、气候、植被、动物、土壤、化学特征等基本生态功能,探讨了湿地综合利用及建立人工生态系统的途径,而且对湿地开发利用所造成的生态影响进行了初步评价。1990 年,陆健出版了《中国湿地》,该书全面系统地介绍了我国湿地分布、特点、动植物种类、湿地受干扰情况以及湿地保护区研究、立法、管理等方面内容,它对全面了解评价我国湿地现状具有重要资料价值。1996 年,进行《中国湿地社会经济评价指标体系》的研究课题,1999 年中科院长春地理所针对古林湿地展了调查与评价工作。

随着人口的增长和经济的发展,湿地资源被开发利用的规模不断扩大,相对于 20 世纪末快速发展的建设项目环境影响评价,湿地资源的相关工作严重滞后。湿地资源面积不断减少,湿地生态系统内部功能退化和湿地陆地化现象,引发了社会各界广泛担忧[23]。学者们对湿地资源经济价值和生态价值的认识逐步深入,并开展了一系列珍贵湿地资源调查与生态环境影响评价的工作,例如,针对三江平原湿地、鄱阳湖湿地、青海湖流域湿地和洞庭湖湿地等地的研究[24-27],我国湿地资源开发的环境保护才提到日程上来。2013 年 5 月 1 日起实施的《湿地保护管理办法》,为我国在林业系统规范湿地保护管理行为提供了依据。2013 颁布的《北京市湿地保护条例》中对建设项目的报批环境影响评价文件的评价内容做出规定,要求就建设项目对重要湿地主要保护对象和生态系统的影响做出重点分析,提出预防和减轻不良影响的措施。是我国在湿地保护立法中运用环境影响评价制度的一个进步。2015 年 1 月 1 日开始施行的《中华人民共和国环境保护法》,重新界定了环境的概念,湿地被纳入环境定义范畴,确立了湿地保护的法律地位。

湿地保护管理的核心就是实现湿地可持续发展,以利用为目的而进行湿地管理的行动方针。应该具体考量不同类型、不同区域、不同发展阶段、不同特性而制定相应的管理策略。对于湿地的可持续管理主要应该聚焦于两个方面:一方面是在那些湿地已受到人类干预而严重改变的地区,可持续利用是湿地的主要考虑因素,在有条件的地区可以实施湿地的恢复与重建计划;另一方面是对于那些仍有大面积的相对而言未受改变的湿地的地区应首先考虑保护,而且无论是在什么地区都应优先保护具有区域性和国际性的重要湿地。可持续发展是湿地保护的共同目标,湿地生态系统管理见图 1-6[28]。

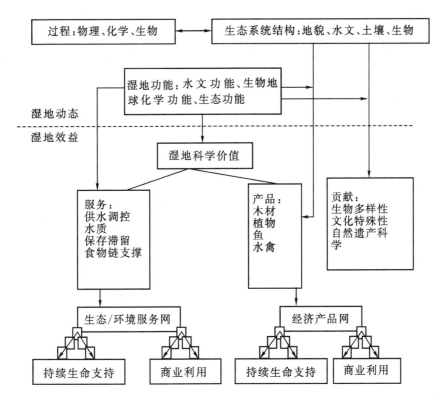

图 1-6　湿地生态系统管理

2. 森林生态系统

　　森林生态系统是陆地生态系统的主体,在维持生物圈和土壤圈动态平衡中发挥着举足轻重的作用[29],并且对调节全球碳循环和维护全球气候稳定等方面起着重要作用[30-31]。中国幅员辽阔,地形复杂多变,类型齐全,地势自西而东逐级下降,呈现明显的三级阶梯状,山地多,平原少。年均降雨量由东南向西北逐渐减少,并且多集中在夏季。根据中国植被地带性分布特点,中国森林分为:寒温带针叶林区,温带针阔叶混交林区,暖温带落叶阔叶林区,亚热带常绿阔叶林区,热带季雨林、雨林区,温带草原区,温带荒漠区,青藏高原高寒植被区。中国的森林资源主要分布在东北和西南,根据 2014 年公布的我国第八次森林资源清查结果显示:全国森林面积 2.08 亿公顷,森林覆盖率 21.63%,森林蓄积 151.37 亿立方米。人工林面积 0.69 亿公顷,蓄积 24.83 亿立方米。清查结果表明我国森林资源进入了数量增长、质量提升的稳步发展时期。但我国仍然是一个缺林少绿、生态脆弱的国家,森林覆盖率远低于全球 31% 的平均水平,人均森林面积仅为世界人均水平的 1/4,人均森林蓄积只有世界人均水平的 1/7,森林资源总量相对不足、质量不高、分布不均的状况仍未得到根本改变。因此,通过环境影响评价预测分析并规范森林开发、旅游、资源利用等行为,尽可能减少人类活动所带来的不利影响,使森林从各种不良的环境影响中自我恢复,功能和结构能达到相对稳定,生物多样性和生态平衡能得到基本维持的最佳环境状态。以获得最大的生态—社会—经济效益,实现资源的永续利用和可持续发展。

　　目前,森林生态系统环境影响评价则主要聚焦于森林生物量的估算方法、生物多样性保护、旅游开发对森林生态系统影响、森林生态系统退化对系统服务功能影响等多个方面。余超等[32]根据第七次全国森林资源清查数据及中国森林植被分布特征,采用木材蓄积量与生物量,以及生物量与群落生长量和年凋落量之间的函数关系估算了中国森林植被生产力。刘方等[33]以南方喀斯特森林石漠化过程土壤质量变化为基点,引入了土壤有机质、物理性粘粒和有效氮、磷、钾含量等参数作为评价指标,将喀斯特石漠化过程中土壤质量变化对生态环境潜在影响的程度分为 3 个等级,规划出喀斯特石漠化的重点治理区。李小梅等[34]以武夷山大峡谷森林生态旅游区为对象,认为生态旅游项目环境响评价的技术要点在于确定项目的选址和布局是否合理可行,应通过多方案比选,提出环境代价最小、生态效益最好并能促进该地区旅游业可持续发展的项目开发方案。王楠楠等[35]通过构建自然保护区旅游生态系统能值分析模型,可持续发展分析的能值指标体系,评价了九寨沟自然保护区的人均能值量、旅游产出率和生态系统产出率,认为以上指标较高时,环境负载率、废弃物产出率也偏高,所以九寨沟旅游生态系统的可持续发展能力属于中等水平。游径评价法则以游人活动集中的游径为评价对象,采用游客自辟道路、游径变宽、植被根部裸露以及泥泞路等指标对九寨沟自然保护区土壤、植被等的践踏破坏程度进行评价;赵勇强[36]采用了层次分析方法来确定森林生态环境质量的评价因素权重值,以地理信息系统为平台和病虫害危害程度公式为依据,对河北北部地区油松林质量进行了评价。

3. 湖泊生态系统

中国淡水资源丰富,全国面积在 $1km^2$ 以上的湖泊有 2759 个,其中约 1/3 是淡水湖泊,面积在 $10km^2$ 以上的淡水湖泊有 63% 分布在长江中下游地区,具有水浅面积大、湖滨带宽和换水周期短等特点[37]。20 世纪 90 年代以来,大规模围湖造田和围网养殖、湖滨旅游业的开发兴起,直立驳岸、港口码头和河堤兴建等人类经济社会活动干扰强度加大,加之土地的不合理开发利用及农田化肥农药的过量施用等原因,造成湖泊水体水质恶化、水生动植物急剧减少,湖泊、湖滨湿地生态系统结构扭曲[38-39],生态资源物种的多样性减少甚至消失,富营养化等湖泊生态系统退化表征明显[40-41]。据国家环保局发布的中国环境质量公告显示,全国七大水系中,珠江、长江水质较好,辽河、淮河、黄河、松花江水质较差,海河污染严重。

湖泊生态系统是由湖泊内生物群落及其生态环境共同组成的动态平衡系统,在自然和人为两大因素的驱动作用下,近年来生态退化严重。生态退化是生态系统的一种逆向演替过程,是生态系统在物质循环、能量流动的某一环节上存在累积、不协调的状况或达到生态系统退变的临界点时,处于一种不稳定或失衡的状态,并逐渐演变为另一种与之相适应的低水平状态的过程,表现为生态系统对自然或人为干扰的较低抗性、较弱的缓冲能力以及较强的敏感性和脆弱性。湖泊生态系统是生态系统研究的一个重要分支,湖泊生态系统健康是指湖泊内的组织结构完整,受到人为或自然干扰后能保持原有的状态,其信息传输、物质循环、能量流动不受到损害,生态系统维持着多样性、复杂性并充满活力[42]。

研究人类经济开发活动对湖泊生态系统带来的环境变化,用环境影响评价制度来规范区域开发及建设项目,对科学利用淡水资源,改善水质状况,保护流域自然环境,恢复退化湖泊生态系统等关键问题都具有重要作用,有利于发挥湖泊生态系统调节气候、净化污染、保护生物多样性、自然资产价值和人文价值等多种功能。对维持我国湖泊生态系统健康和可持续发展具有重要的指导意义。湖泊生态系统环境影响评价,首先是开展湖泊生态健康研究,从水体与环境本质关系出发,对治理湖泊所采取的实际生态恢复措施进行定性和定量评估,保证实施工程的科学性和经济性,保证资源最优化利用。湖泊生态健康研究使人们了解湖泊生态系统演变趋势,及时发现湖泊生态退化的蛛丝马迹,防患于未然,需要精细化的湖泊生态系统管理机制和治理措施。

湖泊生态系统健康评价方法主要有两种:指示物种法和指标体系法。指示物种法是通过监测某一类水生生物的种群特征变化情况,如种群数量变化、呼吸速率变化、繁殖速率变化等对湖泊生态系统健康进行定性评价[43-45],浮游植物生物量(Phytoplankton Biomass,PB)、浮游动物生物量(Zooplankton Biomass,ZB)、藻类浓度(Algal Density,AD)等。其中生物的敏感性和可靠性是关键因素。例如,宋玉芝等[45]对太湖进行高密度采样测定,研究了太湖表层沉积物上附泥藻类生物量以及表层沉积物和水柱中 N 盐、P 盐等含量的空间分布特征,揭示出富营养化浅水湖泊附泥藻类空间分布及其与环境营养盐之间的关系。杨燕君等[46]研究了附石藻类群落和水环境理化特征,运用生物完整性评价指数,评价汝溪河水生态系统属于亚健康状态。苏玉等[47]则采用底栖动物完整性指数评价了滇池流域入湖河流的健康状况。

指标体系法是指将多学科,如生物、物理、化学、水环境、水生态及环境毒理等技术相结合,借助新型手段和技术建立生态系统指标,同时考虑环境与社会经济因素,以可持续发展为指导原则,对湖泊生态系统健康进行评价[48-50]。指标体系法主要包含生态毒理学方法、流行病学方法、生态医学法、经济学指标与生态指标相结合法、不同尺度信息的综合运用等五种评价方法。包括生物完整性指数(Index of Biotic Integrity,IBI)、富营养化指数(Trophic State Index,TSI)、总生物量(Total Biomass,TB)、浮游动物生物量比浮游植物生物量(ZB/PB)、生态能质(Eco−Exergy,Ex)、生态缓冲容量(β,一般情况为 β TP−A ,即浮游植物对 TP 的缓冲容量)、系统整体健康指数、生态系统压力指标、比耗散率(Specific Dissipation Rate,SDR)、总的初级生产力(General Primary Productivity,GPP)、总的生态系统生产量(Gross ecosystem product,GEP)[51-53]等。张艳会等[54]通过调查总结国内外湖泊生态系统健康评价的大量研究成果,从时间、评价方法、人类活动干扰强度、富营养化程度及湖泊与江河的连通性等不同角度对湖泊生态系统健康评价指标进行系统梳理与分析,并阐述了湖泊生态系统评价中具有代表性的指标浮游植物生物量、生态能质等的内涵及其影响机制。李益敏等[55]运用 GIS 技术和几何平均数模型对星云湖流域的生态安全进行了评估 ,并分析了该区域生态安全的空间分异规律和形成机理。李娜[56]在对武汉东湖湖泊群充分调查基础上,采用层次分析法、应用模糊聚类分析法和直接测量法建立了湖泊群生态系统健康评价模型,建立的综合性指标能同时反映连通湖泊群生态系统结构水平和系统水平变化。

4. 草原生态系统

草原资源是由多年生的各类草本、稀疏乔、灌木为主体组成的陆地植被及其环境因素构成的,具有一定的数量、质量、时空结构特征,有生态、生产多种功能,是主要用作生态环境维系和畜牧业生产的一种自然资源[57]。

我国现有天然草地近 3.9 亿 hm²[58],其中可利用面积 3.10×10^8 hm²,占全国国土面积的41.4%,占草原总面积的 84.4%[59]。相当于耕地面积的 4 倍,森林面积的 3.6 倍,是我国面积最大的陆地生态系统。西藏、内蒙古、新疆、青海、甘肃、四川、宁夏、辽宁、吉林、黑龙江这些省、自治区被称为我国草原面积连片分布的十大牧区,草原面积占全国总面积的 49.17 %[60]。作为一种可再生的自然资源,草地资源在防风固沙、涵养水源、保持水土流失等方面具有重要的作用和价值。并具有调节气候、改良土壤、增肥地力、净化空气和美化环境等生态功能。

近年来,由于全球气候变化、超载过牧、草原物权属性不明确以及法律建设滞后等原因,草地资源退化、沙化、盐渍化情况严峻,草原生态持续恶化。我国严重退化草原以每年 200 万 hm² 的速度继续扩张,天然草原面积每年减少约 65 万至 70 万 hm²,同时草原质量不断下降。以内蒙古草原资源为例:目前可利用草地面积约 6359 万 hm²,其中退化草地面积达 3867 万 hm²,占到可利用草地面积的 60 %[61]。因此,以人类生存发展为中心的草原生态环境指标体系及其评价制度亟待确立完善,在发展草原畜牧业的同时,有效保护草原生态环境确保其资源的可持续利用及生态服务功能的良性循环,是草原管理中迫切需要解决的问题。尤其是囿于草原环境指标体系自身的复杂性、多维性、人类认识的局限性,草原生态系统环境影响评价的研究相较于其他生态领域更加不成熟,相关概念、理论和技术体系尚处于探索阶段。

1919 年美国的 Sampson 首先提出根据草原的土地及植被状况来评定草原基况,美国农业部采用这一概念将草原健康状况分为 5 级[62]。1949 年 Humphrey R. R. [63] 从草地生产角度出发,以可利用牧草产量占总产量的百分比为评价指标。1954 年英国出版的 *Methods of surveying and measuring vegetation* 对草原载畜量这一概念作了系统的描述,并提出定量描述的三变量:家畜、面积和时间[64]。我国此类工作开展也较早,1955 年王栋[65] 出版的《草原管理学》就对草原调查作出了系统的阐述,为资源调查评价奠定了基础。1961 年任继周等[66] 从草原植物的数量,结合质量地表状况和水土流失现象进行综合判断法评价。甘肃农业大学草原系[67] 以植被、土地和家畜为基础指标,引入载畜力因子建立了 7 分层综合评分法,畜产品单位作为草地生产产品的最终形态,更客观科学从而更适于评价草地的生产能力。1981 年章祖同[68] 提出草地经济价值、水源、地形、利用时期、基质条件和地表状况 6 个因素评价草地。1996 年任继周阐述了草地生态系统健康评价的理论体系,即草地资源退化的健康阈、警戒阈、不健康阈和系统崩溃,并提出了我国草地健康评价的定性指标[69]。20 世纪 90 年代开始,草原资源调查与评价工作兴起,如郑慧莹等[70] 对东北松嫩平原草地植被的分析与分类;张堰青等[71] 对青海海北高寒草甸植物群落的数量分析;何立新、孟林等[72−73] 以新疆呼图壁种牛场为研究对象,评价了草地类型和草地生产适宜性;苏大学[74] 对西藏草地资源的结构与质量的评价;刘兴元[75] 以藏北那曲地区为例,评估了藏北高寒草地生态系统现状与发展以及服务功能的价值;朱文泉等[76] 测算了 4 期藏西北高寒草原生态资产价值,反映出藏西北地区生态资产变化趋势;顾小华[77] 运用多向指标评价了毛乌素沙地乌审旗草地资源;杨霞[78] 综合评价了内蒙古锡林郭勒草原区土地生态质量状况和生态系统服务价值;吴丹[79] 对陕西陇县关山草原草地资源的类型分布及承载力的调查等。

我国草原生态系统环境影响评价是受到草原可持续化发展的挑战,应时应运而生。由于受到人类畜牧业活动的较大影响,草原生态系统属于半自然生态系统,维持自身相对稳定的平衡和演替过程中,不断受到外界干扰,自我调节和修复过程受阻。尤其当外界压力使系统的变化超过"生态阈限"时,原有生态系统结构破坏,服务功能受阻,生态平衡失调,出现植被退化、土壤盐碱化和土地沙化,湿地、沼泽面积缩小或者干涸,河流、湖泊断流甚至消失。鉴于此,根据人类活动对自然生态系统可能造成的不良影响及时开展调查,对草原生态系统发展进行预测与分析,评估系统受损程度,保护潜在价值,规范化畜牧业管理,才能积极有效地遏制住这种趋势,实现草原生态系统良性循环。我国草原资源利用过程中的主要环境问题是:大面积垦殖,过度放牧与樵柴,频繁割草,滥挖药材,资源使用权制度不明确等,造成草原土壤板结、肥力下降、植物覆被千疮百孔,草地资源近似枯竭。韦庆[80] 通过对吉林省西部草原诸多生态因子的筛选与评价,得出了当地环境退化主要驱动因子为:人口压力、畜牧压力、干燥度、土壤盐碱化程度、土壤类型,并提出相适应的恢复治理措施建议。李浩荡等[81]以胜利矿区露天矿开采对内蒙古锡林郭勒盟草原生态破坏的影响进行了环境后评价,认为露天矿开采造成草地和水域类型减少,草原景观破坏,动植物生存环境恶化。马一丁[82]运用生态敏感性、生态弹性及生态压力三个指标构建评价模型,针对锡林郭勒盟大型煤电基地开发对典型草原区的生态环境造成不利影响进行了评价。

根据草地基况对草地资源进行评价,有单项指标和综合指标两种评价方法。根据土壤性质或者植被类别及演替等单一因子的变化程度来揭示和衡量草原基况的状况,称为单项指标法。比如"土壤有机质指标法""植被群落分级法"或者"可食牧草百分比法"等。综合指标评价法是以影响草地基况或演替的多种因素为指标,综合判断草地当前状况和发展趋向[83]。综合指标评价法往往通过识别影响草原基况的主要生态因子,然后用数学模型涵盖将土壤、植物、资源、经济等方面的多种因子数量化,再根据诊断因素与评价结果之间的关系评定某一草地资源。常用方法有综合指数法、主成分分析法、层次分析法、模糊数学综合评判、灰色关联法和多元分析法等[84]。一方面主要生态因子的选取越来越趋于科学性与多元化[68,73],另一方面数学软件强大快速的功能极大地方便了大数据库的分析整理。比如,ISODATA 聚类算法对东北松嫩平原草地植物群落数量分类的研究[85],TWINSPAN 软件和 Mulva－4 多元等级聚合分类在东北松嫩平原草地植被分析中的运用[69],PC－ORD 程序包对于生态群落多元统计的计算,除趋势对应分析法(DCA)、典范对应分析法(CCA)和除趋势典范对应分析法(DCCA)排序在草原植被分布格局研究及其环境相关性的运用[86]等。随着科学认识的升华和研究手段的不断完善,草地评价工作甚至发展了计算机程序化评价,李月芬[87]基于吉林西部草原生态环境现状的研究,结合计算机编程,开发出草原专家系统,可以进行草原生态环境的现状评价、生产适宜性评价、土壤退化程度评价,并给出相应的改良措施指导,将草地科学、生态环境影响评价、3S 及计算机技术相结合,极大地方便了草原生态环境影响评价及恢复工作。"3S"现代高新信息技术也被广泛运用于草地资源评价和监测预警[88-89]。侯尧辰[90]采用遥感卫星和地物光谱仪技术,结合草原科学的生物指标,建立了营养估测的数学模型,为草地资源评价提供了新的方法。由于草原生态系统的宏观、动态、难监管和不确定,多学科交叉融合才是未来发展的主方向,但因为需要顶级科研团队的分工合作,此类工作尚在起步阶段,上述模型及系统的建立还都需要更多的实验进行反复修正,才能实现对草地资源的精确评价及推广应用。

1963 年内蒙古自治区人民政府首次发布《内蒙古自治区草原管理条例(实行草案)》,是我国最早公布的关于草原管理的地方性法规。1985 年《中华人民共和国草原法》制定实施,为了保护、建设和合理利用草原确立了法律依据,并于 2002、2013 年两次修定,属于我国环境影响评价制度的相关法律。随后,各省(自治区)都制定或修订出台了《草原法》实施细则或草原管理条例等地方性法规,使草原法具有更强的可操作性。《野生动物保护法》(1989,2015 年修定)、《中华人民共和国防沙治沙法》(2002)和最新《中华人民共和国水土保持法》(2011)都属于环境影响评价中的生态保护法律。目前,我国已拥有由法律、行政法规、地方性法规、农业部规章和地方性政府规章构建的一系列的草原法律法规体系,但相对于草原资源的动态性与不确定性,仍有许多工作亟待开展。国家正在实行的退牧还草工程,使得典型草原生态系统的退化过程得到了明显抑制[91-92],在草原退化严重的地区,需要建立并贯彻实施禁封育制度。在生态移民区和限制放牧区,以改善牧户福利为目标来制定和完善的生态补偿标准与机制,才能调动牧户参与生态保护的积极性和热情,确保生态移民政策的可持续性,是既利于草原生态恢复重建,又利于维持社会和谐发展的重要的举措[93]。

生态环境影响评价工作中,针对不利的生态影响提出减少影响或改善生态环境的策略和措施是极其重要的环节。草原的长效保护机制应从以下几方面建立:①严格法律法规,加强执法力度。明确草原权属,完善管理制度,确立补偿机制;②建立草原保护体系,限制人口增长,实施围栏养护和轮牧、禁牧,退耕还草,引草入田,减少索取;③环境条件恶化,生产力底下,饲草品质低劣的草场,采用适当的草场改良措施[94],减缓退化进程,促进草原生态系统正向演替;④水文循环系统的恶化的草原,应合理灌溉,保护地下水资源[95-96],兴修水利设施;⑤自然草场补播、飞播。建立人工草地,多种牧草混播,防治病虫害;⑥重视退化草原的恢复与重建,受损草地生态系统修复技术及沙漠化治理工作;⑦建立草地退化遥感监测和评价指标体系[97-98],建立灾害预警机制等[99]。

草原生态系统环境影响评价工作任重道远,草原资源开发利用要坚持生态效益和经济效益并重,生态效益优先的原则。生态环评制度既保障当前草地畜牧业经济效益,又兼顾草地资源的可持续发展,确保子孙后代的利益。但是彻底扭转当前草原生态"局部改善,总体恶化"的趋势,无论是政策法规、技术方法和操作细则都迄待完善。

1.3.2　宏观领域生态环境影响评价

景观生态系统、生物多样性、生态系统服务、生态科学技术等学科领域的发展更趋于宏观化。景观生态学主要研究宏观尺度上景观类型的空间格局和生态过程的相互作用及其动态变化特征[100]。景观生态学最早起源于欧洲,1982 年国际景观生态学发展和国际景观生态学会(International Association for Landscape Ecology,IALE)的成立标志着景观学发展成熟。我国景观生态学研究从引入到发展成熟也有 30 多年历史。宏观体系的"景观生态学"帮助解决了生态影响评价大、中尺度的生态学问题。例如,非污染生态影响评价中的景观生态学理论的探索[101],景观指数在景观生态学中被广泛研究应用[102-103]。

景观影响评价是生态影响评价中比较新的内容,主要识别与评价开发活动在建设和运营中可能给景观环境带来的不利和潜在影响,并提出相应的保护措施。主要是侧重于视觉或美学特征上的评价[104]。景观美学是人对环境的审美感知和审美需求,美学景观可以分为自然景观和人文景观,以及两者兼具的城市景观。景观美学不仅在于其本身具有美的特质,而且应与周围环境形成一种整体性的美,因此与景观所在环境质量和生态状况紧密相关。景观影响评价通过景观敏感度、景观阈值和资源性评价、结合自然景观实体的客观美学和评价者的主观美学评价,然后依据景观自身特点、周围环境特点和环境功能区要求等对规划或建设项目进行综合评价,并提出切实可行的景观保护措施,达到景观优化的目标。

"3S"技术是遥感技术(Remote Senescing,RS)、地理信息系统(Geographical information System,GIS)、全球定位系统(Global Positioning System,GPS)三者的统称,是卫星定位与导航技术、计算机与通信技术、空间与传感器技术相结合,多学科高度集成的对空间信息进行采集处理、分析表达、传播和应用的现代信息技术。3S 在生态环境影响评价中的应用也极为广泛,主要体现在:

(1)区域数据库的建立和管理应用,具有时空复合分析和多维可视化功能。

(2)空间拓扑叠加分析和仿真模型建立,能够生动反映项目与生态环境相互影响的关系。

(3)大尺度生态环境影响及累积效应的评价,尤其对于野生动物特别是珍稀濒危动物的动态调查。

(4)遥感影像信息的提取解译及专业制图,利于生态系统的各种图件的制作和分析。

现在,国外高分辨率卫星技术 IKONOS(1 m)、QuickBird (0.61m)和 GeoEye (0.41m)等已经发展成熟,商业化运行模式广泛。国内的高分辨率卫星也正在蓬勃发展[105],极大推动了生态环境影响评价的效率和深度,遥感解译的进步和定量遥感的系列成果为评价工作提供了实时可靠的信息[106]。例如,应用 GIS 和景观生态学原则评价土地开发和保护的研究[107],利用 P-S-R 模型为研究方法,运用植被初级生产力指数、湿地景观结构指数、湿地蓄水量指数等因子构建湿地生态系统健康评价模型[108]。通过解译不同时期的遥感图像及景观格局指标数据,对图们江流域湿地生态安全的综合评价和预警状态评判[109]。采用 GIS 技术对的浙北近海海域生态系统进行的健康评价[110],这些发展提供了更新更强的应用性技术方法,推动了生态环境影响评价的新思路:将生态影响评价的特定时空尺度和宏观区域系统特征相结合,统筹考虑社会经济发展与生态系统的稳定性与完整性,重点识别敏感的生态环境问题。

1.3.3　生态环境影响评价方法和指标体系的研究

目前,针对具体开发项目生态环境影响评价的具体方法和指标体系的研究也有成果。叶亚平等[111]认为生态环境评价指标应该重点关注生态环境背景、人类对生态环境的影响程度和人类对生态环境的适宜度需求三个方面。然后对三类指标综合分析,得出中国生态环境质量。周华荣则采用正向和负向分类,共包含 20 个具体指标对新疆生态环境质量进行了研究[112]。万本太等选择了生物丰度指数、植被覆盖指数、水网密度指数、土地退化指数、污染负荷指数和生态环境质量指数共 5 类 16 个指标,并给出了计算方法以及各分指标的权重[113]。甄霖等在厘清全球生态退化状况及其对生态技术的需求基础上,力图建立生态技术评价指标体系与方法模型,建立适用于我国的生态技术评价平台和集成系统[114]。但上述研究由于各种具体资源的开发性质、区域特征的不同,从评价指标、评价范围、评价时段和评价重点都有所不同,所以往往有较强可操作性的成果,却不具有普适性而难以推广。因此,生态环境影响评价各方面尚处于探索与发展阶段,评价程序和指标体系、评价方法和预测模型的构建等都有待开拓,需要在实践过程中进一步的发展和完善。

随着生态学科本身的发展与完善,根据项目所产生的生态影响特点,结合相近学科技术,针对各种开发项目和区域的实际情况,开拓出有普适性和可行性的指标体系和定量分析方法,是很重要的工作。由于生态系统本身的复杂性,生态环境影响评价的过程也相当复杂,包括基本原则、指导思想、评价范围、评价标准、生态分析与评价重点的确定、生态环境现状调查与评价、生态环境影响预测与评价以及生态环境保护措施等。

综上所述,生态环境影响评价方面的研究成果大致可以归纳为两方面。一方面是对生态影响评价中的相关生态学原理和理论的探索,着重于生态学学科本身的理论体系。另一方面是对生态影响评价中的评价指标、评价体系、评价方法的完善,着重于生态环境影响评价的实践应用。

基于本地区生态系统的构成及特点,结合生态系统服务价值理论,用以预测和评价项目的实施对生态环境的潜在影响,进而从宏观上提出避免、减轻或补偿这些生态影响的措施,是生态环境影响评价的重点思路。由于生态系统的复杂性及内在关联性,生态系统自然区域的范

围与各级行政区划的不统一性,从战略水平上开展生态环境影响评价对于以下四个方面显得极为重要:

(1)从可持续发展角度确保生态保护红线的安全性;

(2)针对不同的生态系统服务区域采取相应的环境保护措施;

(3)从协调生态保护和区域建设发展角度实施的生态补偿措施;

(4)协调不同行政区划的未来发展与生态环境保护长远规划间的矛盾。

1.4 推动生态环境影响评价的主要环境问题

环境问题是指由于人类活动或者自然原因作用于周围环境所引起的环境质量变化,以及这种变化对人类的生产、生活和健康以及其他生物的生存和发展造成影响和破坏的问题。实质是当人类在生产技术和科学进步方面取得巨大发展,拥有或掌握了改造环境的巨大力量以后,出现违背和逾越自然规律以牺牲环境为代价来完成社会发展而引发的问题。环境问题的产生具有历史性、长期性、累积性、复杂性和不可逆性。

1.4.1 资源环境退化,人均占有量低

资源紧缺、环境空间有限是我国的基本国情。我国人均耕地、淡水、森林仅占世界平均水平的 32%、27.4% 和 12.8%,矿产资源人均占有量只有世界平均水平的 1/2,煤炭、石油和天然气的人均占有量仅为世界平均水平的 67%、5.4% 和 7.5%,而单位产出的能源资源消耗水平则明显高于世界平均水平[115]。

1. 人均淡水资源短缺

我国水资源量为 $2.8×10^{12} m^3$,居世界第六位,单位面积淡水资源为 292 mm/年,相当于全球平均值的 91.5%,但人均径流量仅为 2300m³,仅为世界人均水平的 1/4,居世界第 88 位。中国是世界上的贫水国家,而且淡水资源空间上分布不平衡,北方地区缺水严重,长江流域以北广大地区,人口占全国的 44.4%,耕地占全国的 59.2%,水资源仅占全国的 14.7%[116]。工业用水的大量开采造成地下水透支使用,开采超过了其补给能力,引起水生态环境恶化、海水入侵、地面沉降等现象。

2. 耕地面积不断减少

人多地少是我国的基本国情,据中国国土资源公报,截至 2007 年底,我国人均耕地仅 0.092hm²,不到世界平均水平的 40%。为了掌握真实准确的全国土地基础数据,中国开展了为期 6 年的第二次全国土地调查(2007—2013 年),数据表明 2009 年中国的耕地面积为 $1.3538×10^5 hm^2$,而 2008 年全国土地利用现状变更的耕地面积为 $1.2159×10^5 hm^2$,乍看之下似乎耕地面积增幅巨大,但分析之后发现新增耕地主要分布在东北、华北与西北地区,其中东北地区几近一半,耕地减少的地市主要集中在经济发达的珠三角和长三角地区,而且从类型分析也是以旱地最多(53%),水田最少(10%)。耕地分布重心持续北移加剧了水土资源的不协调性,耕地的质量下降,对稀缺的耕地资源被占用和浪费的现象十分惊人[117]。

3. 水土流失造成土地质量下降

水土流失是指在自然条件和人类活动作用下,由于水力、风力、重力等应力作用造成的水土资源破坏和损失。我国水土流失严重,土壤质量持续下降。建国初期水土流失面积为 1.16

$\times 10^6 \, \text{km}^2$,1997 年增加到 $1.83 \times 10^6 \, \text{km}^2$,约占全国土地面积的 19%,土壤流失量每年达 $5.0 \times 10^9 \, \text{t}$。2011 年全国水土流失总面积 $3.57 \times 10^6 \, \text{km}^2$,占国土总面积的 37.2%。每年平均土壤侵蚀 45 亿多吨,占全球土壤侵蚀总量的 1/5[118]。水土流失带来环境危害:土壤质量退化、耕层土壤变薄;流域水域淤泥堆积,洪涝灾害严重,部分河流已成为地上悬河;恶化原本脆弱的生存环境,尤其使山区贫穷加剧;削弱生态系统功能,加重旱灾损失和面源污染;经济损失巨大,水土流失给我国造成的经济损失相当于 GDP 总量的 3.5%。水土流失直接关系国家生态安全、防洪安全、粮食安全和饮水安全。

4. 森林人均占有率减少,资源结构不合理

自 1973 年起,我国进行了连续八次全国森林资源清查,森林面积由第一次森林资源清查的 $1.22 \times 10^8 \, \text{hm}^2$,增加到第八次森林资源清查的 $2.08 \times 10^8 \, \text{hm}^2$,森林资源面积蓄积持续增长。我国不同时期持续有效的森林保护工程,比如"三北"防护林建设工程、全民义务植树运动、退耕还林还草运动,天然林资源保护等工程,以及生态效益补偿机制的建立和集体林权制度改革的推进,收到了巨大的成效。但是,人均森林面积和人均蓄积量比例低下,林地生产力水平相比世界林业发达国家差距明显,森林资源结构不合理等现状不容忽视。尤其是新增的多为人工林地、幼林地、速生林地。天然林面积比重明显下降,优用材几乎采伐殆尽,珍稀树种濒于灭绝,用材林总蓄积严重不足等问题反映出资源利用过程中更深层次的问题[119],森林资源保护工作依然任重道远。

5. 土地沙漠化加剧

土地沙漠化是干旱、半干旱地区发生的一种特殊的自然灾害。原因是在干旱和半干旱地区脆弱生态平衡条件下由于人为的过度开发活动,使生态平衡遭受破坏引起的土地质量退化现象。根据全国沙漠化监测结果,1999 年全国沙化土地面积为 $1.74 \times 10^6 \, \text{km}^2$,土地沙漠化继续呈扩展趋势,1994—1999 年平均年扩张速度为 $3436 \, \text{km}^2$。20 世纪末我国土地沙漠化造成的直接经济损失每年约为 1281.41 亿元。其中资源损失和农牧业生产损失占到总损失的 95%[120]。近 50 年来,由于人类不合理的资源开发,导致新疆塔里木河下游地区 $320 \, \text{km}$ 河道断流、湿地大面积消失、地下水位大幅度下降、天然植被全面衰败,沙漠化程度加重。至 2000 年,该区域沙化土地面积超过 90%,其中重度沙化土地面积 $7.02 \times 10^5 \, \text{hm}^2$,占整个下游土地面积的 52.71 %[121]。

1.4.2　生境碎片化,生物多样性减少

中国是世界上生物多样性最丰富的国家之一,拥有高等植物 34984 种,居世界第 3 位;脊椎动物 6445 种,占世界总种数的 13.7%;已查明真菌种类约 1 万种,占世界总种数的 14%;《中国植被图》记录了全国 11 个植被类型组、55 个植被型和 960 个植被群系和亚群系。我国生物多样性进行全面调查主要是在 20 世纪 50 年代以后陆续展开。1991 年中国出版了《中国植物红皮书》第 1 册,收录了 388 种稀有濒危植物;《中国濒危动物红皮书》(共分 4 卷:鸟类、鱼类、两栖类和爬行类、兽类)于 1998 年正式出版;《中国物种红色名录》2004—2005 年出版了 3 卷[122]。IUCN 红色名录采用的濒危物种等级标准是目前应用最为广泛、影响最深远的物种濒危标准。2006—2012 年,环境保护部联合中国科学院动物研究所、植物研究所组织全国专家,在 IUCN 红色名录基础上,完成了中国陆生野生脊椎动物和高等植物的濒危等级评价工作,初步提出陆生脊椎动物灭绝级(Ex)5 种,功能性灭绝级(PE)30 种,濒危级(En)343

种,受胁级（T）459 种,关注级（C）439 种,无危级（ Lc）1 032 种,数据缺乏（DD）329 种和受威胁植物 3836 种[123]。

生境破碎化是指原来连续成片的生境被分割、破碎,形成分散、孤立的岛状生境或生境碎片的现象。生境破碎化造成物种栖息地的破坏,生境数量的减少,生境质量下降,生境结构的改变,导致生物多样性的下降。破碎化还会减少物种扩散和建立种群的机会,改变了种群内基因组成,降低遗传效应[124]。

随着我国湿地、草甸、草原和森林面积不断减少,有 20%～40%的动植物种类受到威胁,江建平等[125]评估了对中国已知的 408 种两栖动物的濒危状况,数据表明中国两栖动物有 1 种灭绝,受威胁的两栖动物共计 176 种,占评估物种总数的 43.1%,明显高于《IUCN 濒危物种红色名录》（2015）的物种受威胁率（30.8%）。中国两栖动物特有种 272 种,其中 48.9%属于受威胁物种。其中有 11 个省区的受威胁物种数占本省区两栖动物物种总数的 30%及以上,四川、广西和云南位列前三。面积占全国 1/6 的新疆,由于生态环境条件复杂,温度差异巨大,有着丰富的生态系统和不同生境的珍奇动植物,但是新疆虎、野马、毛脉蕨等野生动植物已经灭绝或在我国绝迹。新疆塔里木盆地的天然胡杨林、北疆的梭梭林等都大量减少;一些名贵的中药材如甘草、麻黄、锁阳、雪莲、贝母等的数量也在大量减少。仅 1988－2000 年间,塔里木河下游天然草地就减少了 10675 hm^2,其中 17.2% 变成流沙地,40.3% 变成裸地,14.1%变成盐碱地[121]。

1.4.3　区域发展不平衡,环境压力转移

由于地理位置条件、自然资源分布、产业结构特征、政府政策倾斜和环保资金投入差异等多种原因,我国经济发展存在着东西部之间、沿海和内地之间、平原与山区之间以及城市和农村之间的各种区域不平衡,造成了环境压力在区域间转移的新问题。孙东琪等[126]研究了 31 个省市区的生态环境质量,认为 1990—2010 年中国生态环境恶化态势虽有所减缓,但依然很严重。自 1990 年至今,中国生态环境"总体恶化,局部改善",治理依然小于破坏,生态赤字依然呈扩大的态势。中国自东向西生态环境质量越来越差,恶化速度在加剧。按照《中国统计年鉴》（2011）发布的数据,从 2002 年到 2010 年,全国二氧化硫排放量先增后降,在 2006 年达到 2.59 ×10^7 吨后呈稳定下降趋势。但从各地区看,北京 2002 年是 1.92×10^5 吨,2010 年降到 1.15×10^5 吨;而同期内蒙古则从 7.31×10^5 吨增加到 1.39×10^6 吨[127]。由于经济发展非常不均衡,不同群体的生存需求和环境意识差别还很大,环境保护工作比较明显地重城市、轻农村,并存在垃圾等污染物"上山下乡""东出西进"的现象。因此,环境压力的总数据可能确实下降,但局部差异显著。

第2章 生态环境影响评价理论基础

2.1 生态环境影响评价的基本概念

2.1.1 生态环境的概念

2015年最新《中华人民共和国环境保护法》第一章总则第二条：

本法所称环境,是指影响人类生存和发展的各种天然的和经过人工改造的自然因素的总体,包括大气、水、海洋、土地、矿藏、森林、草原、湿地、野生生物、自然遗迹、人文遗迹、自然保护区、风景名胜区、城市和乡村等。

"生态环境"最初是来源于20世纪50年代的英语"ecotope"。现在我国"生态环境"实质上更多表达"生态与环境"的含义,是两个相对独立,又紧密联系并相互交织的概念。英文译为"ecological environment"。李博等[128]认为"生态环境是指环境中对生物生长、发育、生殖、行为和分布有直接或间接影响的环境要素的总和"。生态环境是由各种自然要素构成的自然系统,具有环境与资源的双重属性。传统生态学强调生态系统的自然属性,以生物为中心,以自然法则为根本,人类一切活动首先应遵守自然规律。

然而,环境科学是研究人与环境之间物质转化规律的科学。在环境科学中生态环境是指以人类为中心的生态系统,是由人类与生态环境构成的大系统。人类是系统的主体和核心,人类周围的自然界是客体,两者相互联系、相互作用并相互影响。在系统中人类具有生物属性和社会属性。首先人类作为生态系统中食物链顶端的生物类群,遵循大自然的物质循环和能量转换,具有生老病死、应激适应和新陈代谢的基本生物功能。同时作为群居的人类种群,表现出有利于集体和社会发展的特性,以及主观能动的获取物质资料的方式对自然界的影响远远超过其他生物类群。在一定的程度下干扰了自然界原有的稳定与平衡,从而又间接影响人类的生存和发展。由于人类的复杂属性,环境科学中的"生态环境"的涵义远远超过了传统生态学中的定义。

环境科学是研究环境及其与人类的相互关系的综合性科学,是在可持续发展为前提条件下,实现人类自身生存和发展,坚持统筹兼顾,综合决策,合理开发。由此可见,环境科学中的生态环境是特指"天然的和经过人工改造的自然因素的总体",强调在人类活动的影响下的自然因素,因而具有自然和社会的双重属性。

2.1.2 生态环境影响评价的概念

根据《环境影响评价技术导则－生态影响》(HJ19—2011),生态环境影响评价是指通过揭示和预测人类活动对生态影响及其对人类健康和经济发展作用的分析,确定一个地区的生态负荷或环境容量,并提出减少影响或改善生态环境的策略和措施。

生态环境影响评价从评价的角度不同可分为生态环境质量评价和生态影响评价。

生态环境质量评价也就是生境评价,是对生物所处环境的状态给予评价,主要考虑生态系统自然属性。生境指在一定时间内具体的生物个体和群体生活地段上的生态环境,也称栖息地。主要包括:生态系统结构及其组分的质量,系统输入与输出,自稳性与抗性。不同生态系统的动态变化及外部特征,不同生态系统状态对人类生存的适宜程度等。环境质量评价是按照选定的评价标准和评价方法对一定区域范围内的环境质量加以调查研究并在此基础上做出科学、客观和定量的评定和预测。环境质量评价更注重环境因子本质属性和健康状况的客观评价。比如,珍稀濒危野生动植物栖息地适宜性与重要性评价,草地资源健康评价,野生生物种群状况评价、自然保护区的价值评价和生物多样性评价等。为了改善生态环境质量,就必须对生态环境的优劣程度进行合理地定性、定量地分析和评价,生态环境质量综合评价是一项系统性研究工作,涉及到自然及人文等学科的许多领域[129]。

生态影响评价是评价生态系统质量变化与工程对象的作用影响关系。例如,分析具体的开发建设行为所带来的生态后果,特定生态系统的生产力和环境服务功能,分析区域主要的生态环境问题,评价自然资源的利用情况和潜在价值等都属于生态环境影响评价的范畴。

生态影响评价是环境影响评价的核心和灵魂,但是,目前我国的研究较多地停留在生态环境质量评价。工程对象的作用影响又以污染影响评价为主,相关生态环境影响评价的研究与运用和实际需要尚有较大差距。

2.2　主要生态学理论

2.2.1　生态环境影响评价中的主要术语

1. 生态学(ecology)

生态学是德国生物学家海克尔(E. H. Haeckel)于1866年首次定义的一个概念:生态学是研究生物体与其周围环境(包括非生物环境和生物环境)相互关系的科学。生态学的研究对象很广,从个体的分子一直到生物圈,但主要是指个体、种群、群落、生态系统和生物圈五个层次。

2. 生态系统(ecosystems)

1935年由英国植物生态学家 A. G. Tansley 定义:生态系统是指在一定时间和空间内,由借助物种流动、能量流动、物质循环、信息传递和价值流动而相互联系、相互制约的生物群落与其环境组成的具有自调节功能的复合体。

3. 生物量(biomass)

生物量即某一时间单位面积或体积栖息地内所含一个或一个以上生物种,或所含一个生物群落中所有生物种的总个数或总干重(包括生物体内所存食物的重量)。生物量(干重)的单位通常是用 g/m^2 或 J/m^2 表示。

4. 生态因子(ecological factors)

生态因子指环境中对生物的生长、发育、生殖、行为和分布有着直接或间接影响的环境要素。主要包括光照、水分、温度、大气、土壤、火和生物因子等七大类。

5. 植被覆盖率(vegetation coverage)

植被覆盖率通常是指植物面积占土地总面积之比,一般用百分数表示。通常用植物茎叶对地面的投影面积计算。

6. 生物多样性(biodiversity)

生物多样性是指在一定时间和一定地区所有生物(动物、植物、微生物)物种及其遗传变异和生态系统的复杂性总称。它包括植物、动物和微生物的所有种及其组成的群落和生态系统。分为遗传(基因)多样性、物种多样性、生态系统多样性和景观多样性四个层次。

7. 种群(population)

种群是指在同一时期内占有一定空间的同种生物个体的集合。具有空间特征、数量特征和遗传特征。

8. 生物群落(biological community)

生物群落指特定时间和空间中各种生物种群之间以及它们与环境之间通过相互作用而有机结合的具有一定结构和功能的复合体。也可以说,一个生态系统中具生命的部分即生物群落。

9. 优势种(dominant species)

对群落结构和群落环境的形成有明显控制作用的植物种称为优势种。优势层的优势种常称为建群种。

10. 空间异质性(spatial heterogeneity)

空间异质性是指生态学过程和格局在空间分布上的不均匀性及其复杂性。

11. 生态演替(ecological succession)

生态演替指在同一地段上生物群落有规律的更替过程,也就是随着时间的推移,一个生态系统类型被另一个生态系统类型代替的过程。

12. 环境承载能力(carrying capacity)

环境承载能力是指在一定时期内,在维持相对稳定的前提下,环境资源所能容纳的人口规模和经济规模的大小。

13. 生态监测(ecological monitoring)

生态监测指利用各种技术测定和分析生命系统各层次对自然或人为作用的反应或反馈效应的综合表征来判断和评价这些干扰对环境产生的影响、危害及其变化规律,其为环境质量的评估、调控和环境管理提供科学依据。

14. 生物监测(biological monitoring)

生物监测利用生物个体、种群或群落的状况和变化及其对环境污染或变化所产生的反应,阐明环境污染状况,从生物学角度为环境质量的监测和评价提供依据[130]。

2.2.2 生态环境保护基本原理

1. 保护生态系统的整体性

生态系统整体性的内涵包括地域的连续性、物种多样性、生物组成协调性、环境条件的匹配性。

(1)地域的连续性

生物圈是地球上最大的生态系统,在这个囊括地球所有生物的循环系统中又包含无数个小的循环系统,它们彼此联系,相互依存,决不孤立。生态结构是生态系统的构成要素,也是系统中时间、空间分布以及物质、能量循环转移的途径,包括平面结构、垂直结构、时间结构和食物链结构四种顺序层次,独立而又相互联系,亦是系统结构的基本单元。生物分布地域的连续性是生态系统存在、维系、协调、构成生态系统结构整体性和稳定性的重要条件。"环境的整体性不会因行政区划的改变而改变,不会因国界的变更而变更,不会服从关于地理变更的行政命令或司法判决。在整体的环境区域内的所有的人、集团甚至国家,都是"一损俱损,一荣俱荣"[131]。

由于人类开发利用土地的规模越来越大,将原来连续成片的野生生物的生境分割、破碎成一块块越来越小的处于人类包围中的"小岛",形成易受干扰和破坏的岛状生境,造成生境破碎化,破坏生态系统的完整性的同时也加速了物种灭绝的进程。生境破碎化,使原有的整片生境形成了许多斑块生境,对分布其中的物种的正常散布和移居活动产生了直接影响,减少了物种扩散和建立种群的机会。斑块面积越小,生境容纳量就越小。生境破碎化造成物种的部分生境丧失,种群原有生境面积减少,所能维持的平均物种个体数量随之降低。同时,种群扩散受到限制导致种群分布范围缩小,进而影响种群的未来发展动态。生境破碎化还会改变种群内基因组成,降低遗传效应,种群内部同系繁殖而无法完成种群遗传变异,导致物种灭绝[132]。

在生境破碎化过程中,常会留下像补丁一样的生境残片,称为斑块生境,当作用持续不断地加剧,斑块面积越来越小,斑块数据增加,原有斑块与那些高度改变的逆退景观相互隔离,最终退缩消失,发展成在生物地理学上所称的生境岛屿。而岛屿生境彼此隔离,缺乏与外界物质和遗传信息的交流,种群的扩散与繁衍,迁入和迁出模式都被改变,对干扰的恢复能力弱化。因此,岛屿生态系统是不稳定或脆弱的。近代已灭绝的哺乳动物和鸟类,大约75%是生活在岛屿上的物种。

通常岛屿上(或一个地区中)物种数目会随着岛屿面积的增加而增加,最初增加十分迅速,当物种接近该生境所能承受的最大数量时,增加就逐渐停止(见图2-1)。因此,岛屿的物种数与面积之间的关系,可用下述方程描述:

$$S = CA^z \tag{2-1}$$

或者
$$\lg S = \lg C + Z(\lg A) \tag{2-2}$$

式中,S 为种数;A 为面积;Z 表示物种数-面积关系中回归方程的斜率;C 是表示单位面积物种数的常数。

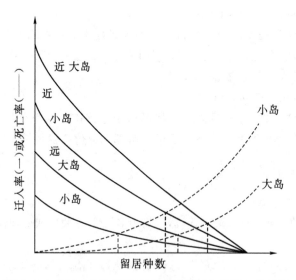

图2-1 岛屿上的物种数决定于物种迁入和死亡的平衡

（2）物种多样性

物种（包括动物、植物、菌类、原生生物和原核生物，甚至病毒等所有物种）数量以及分布的清单是评价与保护物种多样性与生物多样性的基础。1943 年 Fisher 等认为物种多样性是群落内物种数目和每一个物种的个体数量。物种多样性反映一定区域内指动物、植物和微生物种类的丰富性，物种多样性是群落和生态系统功能复杂性和稳定性的重要量度指标。物种多样性有三个重要方面：组成多样性、结构多样性和功能的多样性。因此，保护物种多样性首先是保护一定区域内物种的丰富程度，度量方法有物种的总数、物种密度、特有种比例和物种稀有性等。同时还要保护物种均匀程度和种间性状差异性，也就是生态系统类型的多样性。

生物组成种类繁多而均衡复杂的生态系统是最稳定的，因为其内部各种生物组成的食物链和食物网纵横交错，其中任何一个种群偶然的兴盛与衰落，都可以由其他种群及时抑制或补偿，体现出系统自我调节和自我修复的能力。人工生态系统由于生物种类往往比较单一，其系统稳定性就很差，容易因害虫入侵造成大面积的物种消亡，加上没有其他物种的抑制或生物阻隔作用而引发灾难性的后果。例如，人工纯林生物结构单纯的情况下，辽东半岛松干蚧活动猖獗可以引起油松林和赤松林大面积死亡，易造成灾难性的后果。同一地带天然针阔叶混交林中，由于阔叶树天然屏障的阻隔作用，加之阔叶树可以为松干蚧的天敌异色瓢虫、蒙古瓢虫等提供补充食物和隐蔽场所，从而使松树保持旺盛生长。混交林相对纯林具备了种间互作的环境，具有充分利用空间和地力的物质条件，使得混交林在许多方面都优于纯林，在园林植物造景中，混交林相比纯林有明显的降温增湿效果。

人类活动使全球环境剧烈变化，自然生态系统的退化又严重威胁物种多样性，进而又威胁人类自身的生存和发展，形成恶性循环。比如，人类开发活动导致生境的破碎、土壤动植物区系变化，遗传改良导致作物品种单一化、古老地方物种丧失，引种导致的外来种入侵致使土著生物灭绝等。

（3）生物组成的协调性

长期进化过程中，各种生物物种之间相生相克，通过互生、共生、竞争、捕食、寄生和拮抗等作用形成复杂而微妙的相互依存又相互排斥的关系。"二豆良美，润泽益桑"的间种，"种桐护茶"的收获，"蓬生麻中，不扶而直"的效果都是指相生的情况。"螳螂捕蝉，黄雀在后"的食物链，"草盛豆苗稀"的竞争都是指相克的情况。

①协调原理（Harmony principle）：由于生态系统长期演化与发展的结果，在自然界中任一稳态的生态系统，在一定时期内均具有相应的协调内部结构和功能的能力。生物组成的协调性既包括功能上的协调性，也包括结构上的协调性，两者相辅相成。结构是完成功能的框架和渠道，直接决定与制约组成各要素间的物质迁移、交换、转化、积累、释放和能流的方向、方式与数量，决定功能及其大小，它是系统整体性的基础。比如生态修复过程中对植物的配置，利用植物层间的混配与结合，形成高低错落、疏密有致的复层植物群落。尽力将各种各样的生物有机地组合在一起，宜草则草，宜树则树，各得其所，造成一个和谐、有序、稳定的环境植物群落。

②生态位分化原理（principle of ecological condition differentiation）：包括竞争排斥原理和生态位分化。生态位分化主要是指自然系统中一个种群在时间、空间上的位置及其与相关种群之间的功能关系。竞争排斥原理是指具有生态位相同或相近的两个物种不能占据同一个生态位，或者共存；如果两个物种占据同一个生态位，最终一个物种将会被另一个物种所取代

（高斯假说）。

生态位重叠与竞争（见图 2-2）基本是正相关关系。生态位分离程度越大，共存的机会越大。在特定的生态区域内，自然资源是相对恒定的，合理运用生态位原理，可以构成一个具有多样化种群的稳定而高效的生态系统。合理通过生物种群优化匹配，利用其生物对环境的影响，充分利用有限资源，减少资源浪费，增加转化固定效率，是提高人工生态系统效益的关键。人工生态系统营造的过程中注重"乔、灌、草"结合，实际就是考虑到植物分层由上而下构建的复杂空间格局，加上丰富的层间植物，充分利用多层次空间生态位，使有限的环境资源得到最大限度地利用，增加生物产量和发挥防护效益的有效措施。植物多层次布局的同时，又相应产生众多的新的生态位，可以为动物（包括鸟、兽、昆虫等）、低等生物（真菌、地衣等）生存和生活的适宜生态位，使各种生物之间巧妙配合，既能够最大限度地充分利用原本有限的自然资源，又通过生物间的相生相克原理互相牵制，避免"一家独大"而导致的生态灾难的发生，从而形成一个完整稳定的复合生态系统，发挥系统较高的生产服务功能。比如，栖息地水环境因子中营养成分（氨氮、硝酸盐氮、总氮、溶解性总氮及溶解性总磷等）与浮游食性营养生态位显著正相关，而与肉食性营养生态位显著负相关，底栖食性则与溶解性总磷显著正相关；水环境因子的季节变化由于影响水体中饵料资源的分布，进而影响鱼类的食物组成。再如，"果-菇"工程，就是利用果园中地面弱光照、高湿度、低风速的生态位，接种适宜的"食用菌"种群，加入栽培食用菌的基料（菌糠）以及由此释放出 CO_2 及果树所需的养料，它们又给果树提供了适宜生态位。

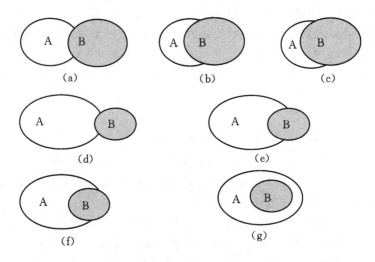

图 2-2　生态位重叠与竞争关系图

（4）环境条件的匹配性

在 AⅡ·谢尼阔夫《植物生态学》一书的引言中有如下叙述："对于植物重要的环境因素，叫做植物生活的生态因子；它们综合在一起，构成植物的生态环境"[133]。生物是环境的产物，生物体内的所有成分和营养均来自于所处的自然环境，生物要不断的从所在的生境中摄取需要的养分，自然界复杂大分子分解形成生物可利用的简单小分子，经过吸收和同化作用转化为生物体本身。如大马哈鱼产卵需要特定的环境，生活在海洋里的大马哈鱼到了繁殖期就会洄游数千公里的路程到它出生的河流中去产卵。生物是所处环境的映射，环境是对生物生长、发育、生殖、行为和分布有影响的所有因子的综合。生境与环境之间通过不间断的物质输出与输入,相互依赖又相互改变。例如,当水体中输入较多量的 N、P 等营养元素,则水体中分解利用这些营养元素的微生物和藻类的生物量将随之增加,从而降低了水中 N、P 等增加的浓度;而微生物和藻类的生物量的增加,又导致水中食物链上级浮游生物的数量增加,迁移转化及贮存了更多营养元素,从而自我调节与控制了水中这些营养盐浓度,避免水体中有机质及营养盐浓度的过度增高。这种自我调节是维持水体自净,防治污染的基础,但是这种调节能力,即缓冲能力是有一定限度的,如果干扰超过其缓冲能力,则将破坏原有的生态系统结构功能和生态平衡,可能对人类社会及自然产生不利。同时,生物也是环境的基本组成部分,生物有机大分子通过生化分解作用又回归自然环境中,从而完成生态系统的物质大循环。生物影响着环境的构成和功能,并潜移默化地改变着环境,尊重自然、顺应自然、保护自然,强调生物与自然相互联系、相互依赖和相互作用的整体性,才能形成生物与自然和谐相处。注重环境条件的匹配性,首先要遵循以下几个生态学原理。

①综合作用原理:每一个生态因子都是在与其他因子的相互影响、相互制约中起作用的,任何因子的变化都会在不同程度上引起其他因子的变化。比如土壤中水分含量的变化必然会引起土壤中好氧微生物与厌氧微生物比例的改变,进而引起各种土壤酶的活性含量发生变化。在生态工程实施过程中,要十分注意多项因子对生物的综合影响。这种综合影响的作用往往与单因子影响有巨大的差异。比如,用 SO_2 和 NO_2 气体分别单独处理辣椒时,只有少量辣椒表现出受伤害的特征,但是当 SO_2 和 NO_2 气体共同作用时,受伤害的辣椒高达 20% 以上,这就是生态因子综合作用的结果。再如,以温度与降水量两个因子对森林群落形成的综合作用为例,年降水量同样是 500mm,年平均温度在 30℃ 以上的地带可能形成荒漠,10～30℃ 的地带可以形成热带灌丛、温带灌丛或温带草地,而 2～5℃ 的地区则可以形成北方针叶林(泰加林)。

②主导生态因子原理:对生物起作用的诸多因子是不等效的,其中有 1～2 个起主要作用的因子被称为是主导因子。主导因子的改变常会引起其他生态因子发生明显变化或使生物的生长发育发生明显变化,如光周期现象中日照时间的长短变化是诱发候鸟迁徙来变换栖息地的主导因子;越冬植物经过春化阶段才能促进花芽形成和花器发育,其中低温就是主导因子。

③生态因子不可替代性:生态因子虽非等价,但都不可缺少,一个因子的缺失不能由另一个因子来代替。如人体摄入维生素 D 不足,就会引起钙、磷代谢紊乱产生以骨骼病变为特征的佝偻病。但是有时候,某一因子的数量不足是可以由其他因子来补偿的。例如,光照不足所引起光合作用的下降可由 CO_2 浓度的增加得到补偿;在钙不足而锶丰富的环境中,软体动物的贝壳中可用锶替代部分钙。

A. 限制性因子原理(limiting factor):生物在生长发育的不同阶段往往需要不同的生态因子或生态因子的不同强度。如生活在淡水中的鳗鱼必定要千里迢迢的回到海洋才能完成交配与繁殖,丝柏木成体可在干燥的山地或长期水淹的环境中生活,而繁殖衍生仅能在沼泽地实现。那些对生物的生长、发育、繁殖、数量和分布起限制作用的关键性因子叫限制因子。

1840 年农业化学家 J. Liebig 在研究营养元素与植物生长的关系时发现,植物生长并非经常受到大量需要的自然界中丰富的营养物质(水和 CO_2)的限制,而是受到一些微量元素(硒、硼)的影响。因此他提出"植物的生长取决于那些处于最少量因素的营养元素",也就是李比希最小因子定律(Liebig's law of minimum),如图 2-3 所示。但是 Liebig 定律只能严格地适用于稳定状态,即能量和物质的流入和流出是处于平衡的情况下才适用;应用时还要考虑到生态因子间的替代作用。

图 2-3　李比希最小因子定律

1913 年生态学家 V. E. Shelford 研究指出,生物的生存需要依赖环境中的多种条件,而且生物有机体对环境因子的耐受性有一个上限和下限,任何因子不足或过多,接近或超过了某种生物的耐受限度,该种生物的生存就会受到影响,甚至灭绝。这就是著名的谢尔福德耐受定律(Shelford's law of tolerance)。

B. 生态幅理论(ecological amplitude):是指每一种生物对每一种生态因子都有一个耐受范围,即有一个生态上的最低点和最高点,在最低点和最高点(或称耐受性的上限和下限)之间的范围。生物对生态因子耐受范围有宽有窄,对所有因子耐受范围都很宽的生物,一般分布很广。生物在整个发育过程中,耐受性不同,繁殖期通常是一个敏感期。在一个因子处在不适状态时,对另一个因子的耐受能力可能下降。生物实际上并不在某一特定环境因子最适的范围内生活,可能是因为有其他更重要的因子在起作用。如图 2-4 所示为生态幅理论图。

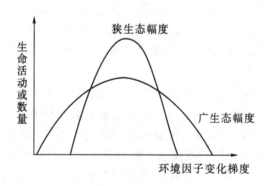

图 2-4　生态幅理论图

④生态因子作用的直接性和间接性:在众多的生态因子中,直接参与生物生理过程或参与新陈代谢的因子属于直接因子,如光、温、水、土壤养分等,种子萌发时适宜的温度和水分就是直接因子。通过影响直接因子,从而对生物生长起作用的因子属于间接因子,如海拔、坡向、经

纬度等。例如,秦岭主峰太白山北坡森林垂直分布带很分明,海拔 1300m 以下是栓皮栎林带;海拔 1300～1800m 是锐齿栎林带;海拔 1800～2300m 是辽东栎林带;海拔 2300～2600m 是红桦林带;海拔 2500～3000m 是牛皮桦林带;海拔 2800～3200m 是巴山冷杉林带;海拔 3000～3500m 是太白红杉林带;海拔 3400m 以上是亚高山灌丛草甸带,同一山体由于海拔不同,导致植被类型各异,如图 2-5 所示。

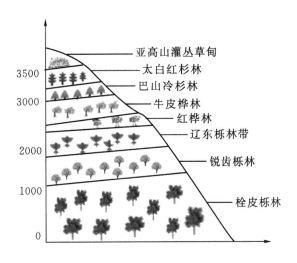

图 2-5　太白山北坡森林垂直分布图

⑤空间差异性:即使是同一种生态因子在空间上的分布也具有异质性。不同生态因子在空间分布上的差异则直接影响到生物的空间分布,比如群落结构的时空格局包括复杂的水平格局和垂直格局。随着任一生态因子在空间上按顺序增强或者减弱,不同生态类型的植物按顺序排列的现象称为生态序列。如水生生态系统,在水体中间水深较大的地方出现金鱼藻、苦草等沉水植物,水稍浅时出现水葫芦、荇菜等浮水植物,接近岸边出现慈姑、香蒲等挺水植物,上岸后首先出现苔草等湿生植物,随着地形部位的变化进一步出现中生植物,甚至中旱生植物,这就是一个随水分条件控制的生态序列。

⑥种群密度制约及分布格局原理:在有限的环境中随着资源的消耗,种群增长率逐渐变慢,并趋向停止,在增长曲线上体现为"S"型,也就是自然种群常呈逻辑斯谛增长(见图 2-6)。根据逻辑斯蒂增长方程(Logistic growthe quation),种群不可能在一个有限空间内长期地、持续地呈几何级数增长,随着种群增长及密度增加,对有限空间及其资源和其他生存繁衍的必需条件在种内竞争也将增加,必然影响种群增长率。达到在一个生态系统内环境条件允许的最大种群密度值,就称为环境容纳量(Environmental carrying capacity)。而当超过环境容纳量时,种群增长将成为负值,密度将下降。种群增长率是随着密度上升逐渐地按比例下降。即有限的环境空间条件下,种群密度是呈 S 形曲线,是对种群内自我调节的定量描述。

逻辑斯蒂增长模型的假设:
- 假设有一个环境容纳量或负荷量,即环境条件允许的最大种群数量,常用 K 表示,当种群大小达到 K 值时,种群则不再增长,即 $dN/dt=0$。
- 增长率随密度上升而降低的变化,是成比例的。每一个体利用空间为 $1/K$,N 个体利

用 N/K 空间,剩余空间为 $1-N/K$。

- 种群无年龄结构及迁入和迁出现象。

当种群达到一个稳定的大小不变的平衡状态时,$dN/dt = rN(1-N/K)$

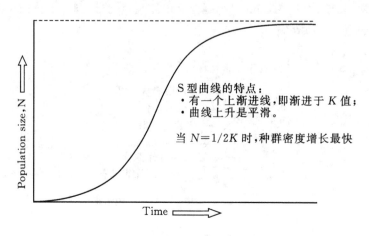

图 2-6　种群增长的 S 形曲线

根据逻辑斯蒂增长方程,种群密度在 $\frac{1}{2}$ 环境容纳量(K)时的生产量是最高的。因为生产量是其现存量与增长率的乘积,在低于 $\frac{1}{2}$ K 时,虽然其增长率较高,但其本底,即生物现存量却很低,故其生产量(现存量和增长率的乘积)并不高。而当密度大于 $\frac{1}{2}$ K 时,虽然现存量较大,但增长率却变低,故生产量也不高[130]。

在不同种群之间,由于存在互利共生、化感、竞争排斥等相生相克作用,也存在着合理的数量比例问题。农业中的轮作、间作、套种,森林(包括防护林)的树种结构及草本、灌木和乔木的结合,养殖生产中混养不同类群生物的搭配等均以此项原理为依据。比如为了防止水体富营养化,在浮游藻类较多的水体中,直接放养一些滤食性鱼类(如白鲢、白鲫)或河蚌,利用浮游藻类生产有经济价值的产品-食用鱼,同时又抑制了水体中浮游藻类,获得环境效益。

2. 保持生态系统的再生能力

自然生态系统的再生能力是由自我组织、自我设计、自我优化、自我调节、自我再生和自我繁殖等一系列机制构成,是生物为核心的最活跃最具生命力的系统特征,也是维护生态系统结构稳定、功能稳定及动态稳态的根本能力。

生物在对环境长期适应的过程中,在生态系统自然演替的过程中,扮演着"工程师"的角色,通过设计,能很好地适应对系统施加影响的周围环境,同时系统也能经过操作,使周围的理化环境变得更为适宜,每一个处在顶极演替状态的生态系统毫无疑问是最客观的大自然自我设计的杰作。例如:丝兰依靠丝兰蛾进行传粉,丝兰蛾则以丝兰的花蜜为食物源,雌蛾将卵产在丝兰的子房内,只有在丝兰子房内受精卵和幼虫才能正常发育;小丑鱼会帮助海葵洁净水质,还会帮海葵吸引食物过来,当然海葵也会帮小丑鱼驱逐敌人;鳄鱼鸟帮助鳄鱼清理口腔和身上的寄生虫,也通过这个方式获取食物,这些生物间的共生是地地道道的毫无人工斧凿的"天作地合"。

生态系统的自我组织或自我设计是系统通过反馈和负反馈作用,依照最小耗能原理,建立内部结构和生态过程,层层进化和演替的过程,是生态系统形成有序结构的内在动力。自我优化是具有自组织能力的生态系统,在发育过程中,向能耗最小、功率最大、资源分配和反馈作用分配最佳的方向进化的过程。自我组织系统有三个主要特征:第一,不断同外界环境交换物质和能量的开放系统。第二,由大量次级子系统所组成的宏观系统。第三,有自行演替的历史进程。低层次的子系统或元素一旦形成,就会出现原有层次所不具备的新性质。自组织过程就是子系统之间关系升级的过程。自然规律是不以人类的意志为转移的,人类干预仅是提供系统一些组分间匹配的机会,其他过程则由自然通过选择和协同进化来完成。假如要建立一个特定结构和功能的生态协调系统,人们在一定时期对自组织过程的干涉或管理必须保证其演替的方向,以便使设计的生态系统和它的结构与功能维持可持续性。

生态系统是由生产者、消费者、分解者组成的开放的自我维持系统。绿色生物扮演的生产者通过光合作用将太阳能转化为生物能,开启了系统中物质循环和能量传递,也就开始了"吸天地之精华,造万物之精灵"的自然运作,并通过干扰和负反馈机制不断修正方向和平衡结构,达到系统完善和可持续的发展。比如:米草生态工程以种植生态系统的构建为主,人工建立米草草场后,系统便处于自我维持状态,发挥出特有的保滩护堤、促淤造陆等生态效益和开发后的经济效益。

依据生态学原理,通过生物、生态以及工程的技术和方法,人为地改变和消除生态系统退化的主导因子或过程,调整、配置和优化系统内部及其与外界的物质、能量和信息的流动过程及其时空秩序,能使生态系统的结构、功能和生态学潜力成功地恢复并得以提高。Hobbs 和Mooney(1993)指出,退化生态系统恢复和重建的可能发展方向一般包括图 2-7 所示的几种状态。

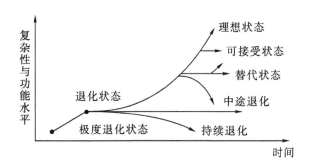

图 2-7　退化生态系统的方向

1996 年 Hobbst Norton 提出了一个临界阈值理论[134]。该理论假设,生态系统有 4 种可选择的稳定状态,状态 1 是未退化的,状态 2 和 3 是部分退化的,状态 4 是高度退化的。在不同干扰或同种干扰不同强度压力下,生态系统可从状态 1 退化到 2 或 3;当去除胁迫时,生态系统又可从状态 2 和 3 恢复到状态 1;状态 2 或状态 3 退化到状态 4 要越过一个临界阈值;状态 4 恢复到状态 2 或 3 时非常难,通常需要大量的投入(见图 2-8)。

保持生态系统的再生能力主要从以下七个方面:保护生境范围或寻求类似的替代生境;保持生态系统恢复或重建所必需的环境条件;保护多样性;保护优势种、建群种;保护居于食物链顶端的生物及生境;退化生态系统,应保证主要生态条件的改善;可持续的方式开发利用生物资源。

3. 以生物多样性保护为核心

生物多样性概念包涵三个相互独立的属性。

①组成水平多样性：单元的统一性和变异性；

②结构水平多样性：物理组织或单元的格局；

③功能水平多样性：生态和进化过程。

生物多样性的总经济价值包含了它的可利用价值（use value）和非利用价值（non－use values）。可利用价值可以被进一步分成直接利用价值（direct use values），间接利用价值（indirect use values）和备择价值（option values），即可能的利用价值。非利用价值主要是存在价值（existence values）。生物多样性所提供的使用价值常常不能就地实现，而可能会通过某种通道，在空间上的流动，到达一个具备适当外部条件的地区，实现其使用价值。我们称这种现象为生物多样性价值在空间上的流动。

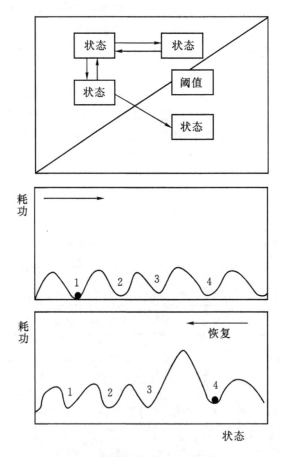

图 2-8 最普遍性状态和跃迁模型

生态系统稳定性包括抵抗力稳定性（即群落的抗干扰能力）和恢复力稳定性（群落受干扰后恢复到原来平衡状态的能力）。MacArehur（1955）首次提出了群落的物种多样性与稳定性之间的关系。1958 年有了"Elton 假说"，认为更高的生态多样性导致更高的稳定性，之后得到众多研究的验证。生物多样性既是生态系统的关键组成成分和结构表现形式,又是功能正常发挥的保障,也是生态系统存在和演化的动力。生物多样性的丧失和退化必将导致环境的退化,引起生态系统结构和功能的退化,形成退化生态系统。

4. 关注特殊问题

在环境影响评价中,科学评价规划或者建设项目的布局或实施行为的环境合理性是最应关注的问题。从"以人为本"和可持续发展出发,保护那些对人类长远的生存与发展具有重大意义的环境事物(即敏感保护目标),是重中之重。因此,环境敏感区、敏感保护目标常是评价的重点内容,也是判定或衡量评价工作是否深入或是否完成任务的标志。

(1)环境敏感区:根据《建设项目环境保护分类管理名录》是指下列区域。

①特殊保护区:自然保护区、风景名胜区、世界文化和自然遗产地、饮用水水源保护区。

②特征敏感区:对某类或某几类建设项目产生的污染或生态影响因子特别敏感的区域,如:基本农田保护区、基本草原、森林公园、地质公园、重要湿地、天然林、珍稀濒危野生动植物天然集中分布区、重要水生生物的自然产卵场及索饵场、越冬场和洄游通道、天然渔场、资源性缺水地区、水土流失重点防治区、沙化土地封禁保护区、封闭及半封闭海域、富营养化水域。

③社会关注区:以居住、医疗卫生、文化教育、科研、行政办公为主要功能的区域,文物保护单位,具有特殊历史、文化、科学、民族意义的保护地。

(2)生态敏感区:根据《环境影响评价技术导则-生态影响》包括下列区域。

①特殊生态敏感区:指具有极重要的生态服务功能,生态系统极为脆弱或已有较为严重的生态问题,如遭到占用损失或破坏后造成的生态影响后果严重且难以预防、生态功能难以恢复和替代的区域,包括自然保护区、世界文化和自然遗产地。

②重要生态敏感区:风景名胜区、森林公园、地质公园、重要湿地、原始天然林、珍稀濒危野生动植物天然集中分布区;重要水生生物的自然产卵场及索饵场、越冬场和洄游通道、天然渔场等。

2000年国务院印发的《全国生态环境保护纲要》明确提出,要通过建立生态功能保护区,实施保护措施,防止生态环境的破坏和生态功能的退化。

2007年环保总局发布《国家重点生态功能保护区规划纲要》,生态功能保护区是指在涵养水源、保持水土、调蓄洪水、防风固沙、维系生物多样性等方面具有重要作用的重要生态功能区内,有选择地划定一定面积予以重点保护和限制开发建设的区域。建立生态功能保护区,保护区域重要生态功能,对于防止和减轻自然灾害,协调流域及区域生态保护与经济社会发展,保障国家和地方生态安全具有重要意义。国家重点生态功能保护区是指对保障国家生态安全具有重要意义,需要国家和地方共同保护和管理的生态功能保护区。

《国家重点生态功能保护区规划纲要》明确指出,在生态功能保护区重点开展以下三方面工作:一是合理引导产业发展。依据资源禀赋的差异,积极发展生态农业、生态林业、生态旅游业;在中药材资源丰富的地区,建设药材基地,推动生物资源的开发;在畜牧业为主的区域,建立稳定、优质、高产的人工饲草基地,推行舍饲圈养;在重要防风固沙区,合理发展沙产业;在蓄滞洪区,发展避洪经济;在海洋生态功能保护区,发展海洋生态养殖、生态旅游等海洋生态产业。同时限制高污染、高能耗、高物耗产业的发展。要依法淘汰严重污染环境、严重破坏区域生态、严重浪费资源能源的产业,要依法关闭破坏资源、污染环境和损害生态系统功能的企业。同时,积极推广沼气、风能、小水电、太阳能、地热能及其他清洁能源,解决农村能源需求,减少对自然生态系统的破坏。二是保护和恢复生态功能。遵循先急后缓、突出重点、保护优先、积极治理、因地制宜、因害设防的原则,结合已实施或规划实施的生态治理工程,加大区域自然生态系统的保护和恢复力度,目的是提高水源涵养能力、恢复水土保持功能、增强防风固沙功能、提高调洪蓄洪能力,改善和提高区域环境质量。三是强化生态环境监管。通过加强法律法规和监管能力建设,提高环境执法能力,避免边建设、边破坏;通过强化监测和科研,提高区内生态环境监测、预报、预警水平,及时准确掌握区内主导生态功能的动态变化情况,为生态功能保护区的建设和管理提供决策依据;通过强化宣传教育,增强区内广大群众对区域生态功能重要性的认识,自觉维护区域和流域生态安全。如图 2-9 所示为生态功能评价图。

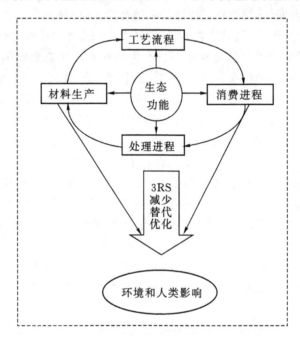

图 2-9 生态功能评价

5.着重解决重大生态环境问题

(1)生态保护红线

生态保护红线是我国环境保护的重要制度创新之一。生态保护红线是指在自然生态服务功能、环境质量安全、自然资源利用等方面,需要实行严格保护的空间边界与管理限值,以维护国家和区域生态安全及经济社会可持续发展,保障人民群众健康。“生态保护红线”是国家的“生命线”。2014 年环境保护部出台《国家生态保护红线——生态功能基线划定技术指南(试行)》,将内蒙古、江西、湖北、广西等地列为生态红线划定试点。

生态功能保障基线包括禁止开发区生态红线、重要生态功能区生态红线和生态环境敏感区、脆弱区生态红线。纳入的区域,禁止进行工业化和城镇化开发,从而有效保护我国珍稀、濒危并具代表性的动植物物种及生态系统,维护我国重要生态系统的主导功能。禁止开发区红线范围可包括自然保护区、森林公园、风景名胜区、世界文化自然遗产、地质公园等。自然保护区应全部纳入生态保护红线的管控范围,明确其空间分布界线。其他类型的禁止开发区根据其生态保护的重要性,通过生态系统服务重要性评价结果确定是否纳入生态保护红线的管控范围。

环境质量安全底线是保障人民群众呼吸上新鲜的空气、喝上干净的水、吃上放心的粮食、维护人类生存的基本环境质量需求的安全线,包括环境质量达标红线、污染物排放总量控制红线和环境风险管理红线。环境质量达标红线要求各类环境要素达到环境功能区要求。具体而言,要求大气环境质量、水环境质量、土壤环境质量等均符合国家标准,确保人民群众的安全健康。污染物排放总量控制红线要求全面完成减排任务,有效控制和削减污染物排放总量。

自然资源利用上线是促进资源能源节约,保障能源、水、土地等资源高效利用,不应突破的最高限值。自然资源利用上线应符合经济社会发展的基本需求,与现阶段资源环境承载能力相适应。能源利用红线是特定经济社会发展目标下的能源利用水平,包括能源消耗总量、能源结构和单位国内生产总值能耗等。水资源利用红线是建设节水型社会、保障水资源安全的基本要求,包括用水总量和用水效率等。土地资源利用红线是优化国土空间开发格局、促进土地资源有序利用与保护的用地配置要求,使耕地、森林、草地、湿地等自然资源得到有效保护[135]。

(2)我国不同地区主要生态退化问题

中国地处中纬度地区,南北跨纬度49度,东西跨经度62度,地形多样,气候复杂,从农业生产和资源的角度看,表现为东部适农、西部宜牧、南方水丰、北方干旱、山地平川农林互补。然而我国国土辽阔,自然生态环境退化严重,而且不同地区主要生态问题各有特点。

①西北干旱荒漠地区　西北5省区的土地达 $3.09 \times 10^7 \, km^2$,约占全国土地面积的1/3。西北人口总数为 7.95×10^5,人均国土面积 $0.038 \, km^2$,不但在我国,在全世界也是人均土地最丰富的地区了。然而,西北地区仅沙漠和戈壁面积就达 $8.7 \times 10^6 \, km^2$,占总面积的28%,再加上其他裸地和荒地等,西北地区难于利用的土地占全区的47.1%。在宜农土地中,大都为旱地,所占土地面积达96.3%。西北地区现有耕地70%～90%位于坡地上,67.8%肥力较差或极差,单产低,垦殖率不高。更重要的是大量毁林垦牧开荒,引起严重水土流失[136]。

②北方黄土高原地区　黄土高原是我国乃至世界上水土流失最严重、生态最脆弱的地区。其范围是西以日月山、乌鞘岭为界,东以太行山东麓深断裂带为界(包括豫西黄土丘陵区),南以秦岭、伏牛山山麓为界,北大体以长城为界(包括内蒙古和林格尔-准格尔的黄土丘陵区)。地跨青海、甘肃、宁夏、内蒙古、陕西、山西和河南等七个省区。黄土高原总面积 $6.4 \times 10^6 \, km^2$,其中水土流失面积 $4.54 \times 10^6 \, km^2$,特别严重面积 $2.77 \times 10^6 \, km^2$[137]。

黄土高原由西北向东南倾斜,海拔多在1000～2000m之间。除许多石质山地,大部分为厚层黄土覆盖。高原大部分侵蚀模数在 $4000 t/(a \cdot km^2)$,其环境问题主要表现为:

- 经流水长期强烈侵蚀,逐渐形成千沟万壑、地形支离破碎的特殊自然景观。
- 水土流失冲走耕地的熟化土层,降低蓄水保墒能力,作物生长不良。
- 大量泥沙下泄造成渠道、水库淤积和河流淤塞,增大了流域开发治理的困难。

③西南喀斯特地区　中国西南以贵州高原为中心的喀斯特地区是世界上面积最大、最集中连片的喀斯特区域,面积超过 $5.5 \times 10^5 \, km^2$,为世界三大岩溶区之一。由于喀斯特生态系统变异敏感度高,喀斯特脆弱生态系统易退化、难恢复。该地区属于典型的生态环境脆弱区,石漠化已成为该区域最为严重的生态环境问题。喀斯特区域石灰土具有风化成土速率缓慢、土层薄、土壤侵蚀速率快、有机碳易于积累、营养元素供给速率慢等特征,形成环境容量小、抗干扰能力弱、稳定性低和自我调节能力差的非地带性脆弱生态带。喀斯特土壤侵蚀是地表流水

侵蚀、重力侵蚀、土壤化学溶蚀、地下流失、蠕移、人为加速侵蚀等方式叠加的混合侵蚀[138-139]。土壤侵蚀的直接后果是水土流失和土壤质量下降,导致土壤薄而分散、易流失、少水、大面积岩层裸露,引发石漠化,带来喀斯特脆弱生态系统最突出的土壤问题和环境制约问题。

④南方红壤丘陵区 以大别山为北屏,巴山、巫山为西障,西南以云贵高原为界,东南直抵海域并包括台湾、海南岛及南海诸岛,包括 10 个省(自治区)的部分地域,总面积 $1.18 \times 10^7 km^2$,约占国土面积的 12.3%[140]。由于南方丘陵区红壤的可蚀性普遍较高;地势主要以山地、丘陵为主,地形破碎而且山多坡陡,为地表径流提供了较大的冲刷势能和携带泥沙的能力;区内年均降雨量大,且多为集中的强降雨,提供了强大的水侵蚀动力;加上林下植被匮乏和剧烈的人为干扰等因素,使得南方红壤丘陵成为我国水土流失范围最广、流失严重程度仅次于黄土高原的地区。根据水利部最新监测结果显示,南方红壤丘陵区水土流失总面积 $1.31 \times 10^6 km^2$,占全区土地总面积的 11.12%。其中,轻度流失面积 $6.13 \times 10^5 km^2$,占流失总面积 46.72%,中度流失面积 $4.84 \times 10^5 km^2$,占流失总面积 36.89%,强度以上流失面积 $2.15 \times 10^5 km^2$,占流失总面积 16.39%[141]。

⑤青藏高原区 青藏高原介于 26°00′12″N～39°46′50″N、73°18′52″E～104°46′59″E 之间,面积为 $2.57 \times 10^6 km^2$,占我国陆地总面积的 26.8%,是我国最大的生态脆弱区。高原 80% 以上的面积在海拔 4000m 以上,气温显著低于同纬度地,形成"世界第三极"。青藏高原南部及东南部边缘区降水较多,而广大的高原腹地年降水量多在 200mm 以下,干旱特征明显。土壤发育历史短,成土母质以冰碛物、残积-坡积物为主,使得高原 71.67% 面积的为高山土覆盖,土壤普遍具有粗骨性强、抗蚀能力弱的特点。植被为单一的高寒草甸、草原;低温缺水更使得草地生产力低、更新缓慢。这些因素决定了高寒区生态系统的本底质量差,对外部干扰敏感,易退化的特点,同时其脆弱性也存在显著的空间差异[142]。

2.3 退化生态系统的恢复

退化生态系统是指生态系统在自然或人为干扰下形成的偏离自然状态的系统。与自然系统相比,退化生态系统的种类组成、群落或系统结构改变,生物多样性减少,生物生产力降低,土壤和微环境恶化,生物间相互关系改变。在一定的时空背景下,生态系统受到自然因素或人为因素的干扰,或者二者共同作用下,生态系统的某些要素或系统整体发生不利于生物和人类生存要求的量变和质变,系统的结构和功能发生与其原有的平衡状态或进化方向相反的位移,就会造成生态系统的退化。人为干扰叠加在自然干扰之上,就会共同加速生态系统的退化。广义的生态系统的恢复包括:恢复(Restoration)、重建(Rehabilitation)、改良(Reclamation)、保护(Conservation)[143]。恢复的本义是指完全恢复到干扰前的状态,主要是再建立一个完全由本地种组成的生态系统。这个过程主要依赖于自然演替过程和移去干扰,广义的积极的恢复要求人类成功地引入生物并建立生态系统功能,必须在遵守基本的生态原理的基础上进行。恢复生态学的核心原理是自生原理和循环再生原理、生态系统的结构有序性原理、协调与平衡原理、生态演替原理、整体性原理、景观生态学原理等。

2.3.1　退化生态系统的恢复的理论基础

1. 物质循环再生原理（Principle of Recycling and Regeneration）

地球有限的空间和资源却能持续长久维持众多生命的生存繁衍与发展,奥妙就在于物质在各类生态系统中不断的循环再生,包括生态系统间的小循环和生物圈中生物地球化学的大循环。在物质循环中每一个环节都是双向,既给予又接纳,循环往复,周而复始,无底无源。

生态系统的物质循环是指无机化合物和单质通过生态系统的循环运动。生态系统中的物质循环可以用库(pool)和流通(flow)两个概念来加以概括。库是由存在于生态系统某些生物或非生物成分中的一定数量的某种化合物所构成的。对于某一种元素而言,存在一个或多个主要的蓄库。在库里,该元素的数量远远超过正常结合在生命系统中的数量,并且通常只能缓慢地将该元素从蓄库中放出。物质在生态系统中的循环实际上是在库与库之间彼此流通的。在单位时间或单位体积的转移量就称为流通量。

生物有机体在生活过程中,大约需要 30~40 种元素。其中如 C、O、H、N、P、K、Na、Ca、Mg、S 等元素的需要量很大,称为大量元素;另一些元素虽然需要量极少,但对生命不可缺少,如 B、Cl、Co、Cu、I、Fe、Mn、Mo、Se、Si、Zn 等,叫做微量元素。这些基本元素首先被植物从空气、水、土壤中吸收利用,然后以有机物的形式从一个营养级传递到下一个营养级。当动植物有机体死亡后被分解者生物分解时,它们又以无机形式的矿质元素归还到环境中,再次被植物重新吸收利用。这样,矿质养分不同于能量的单向流动,而是在生态系统内一次又一次地利用、再利用,即发生循环,这就是生态系统的物质循环或生物地球化学循环。

物质循环的特点是循环式,与能量流动的单方向性不同。能量流动和物质循环都是借助于生物之间的取食过程进行的,在生态系统中,能量流动和物质循环是紧密地结合在一起同时进行的,它们把各个组分有机地联结成为一个整体,从而维持了生态系统的持续存在。在整个地球上,极其复杂的能量流和物质流网络系统把各种自然成分和自然地理单元联系起来,形成更大更复杂的整体—地理壳或生物圈。

在生物圈中,各种化学物质,如 O_2、C、N、S 及 H_2O 等,在地球上生物与非生物之间,在土壤岩石圈、水圈、大气圈之间循环运转。各种化学元素滞留在通常称之为"库(Pool)"的生物与非生物成分中,元素在库与库之间迁移转化构成生物地球化学大循环。将库容量大,元素在"库"中滞留时间长、流动速度慢的"库"称之为"贮存库",反之,库容量小,元素在"库"中滞留时间很短,流动速度快的"库"称之为"交换库"。按照物质在"贮存库"中存在状态,生态系统的物质循环可分为三大类型,即水循环(water cycle),气体型循环(gaseous cycle)和沉积型循环(sedimentary cycle)。

生态系统中所有的物质循环都是在水循环的推动下完成的,水是载体也是动力。在气体循环中,物质的主要储存库是大气和海洋,物质循环与大气和海洋密切相联,具有明显的全球性,循环性能最为完善。凡属于气体型循环的物质,其分子或某些化合物常以气体的形式参与循环过程。包括氧、二氧化碳、氮、氯、溴、氟等。气体循环速度比较快,物质来源充沛,不会枯竭。主要蓄库与岩石、土壤和水相联系的是沉积型循环,如磷、硫循环。沉积型循环速度比较慢,参与沉积型循环的物质,其分子或化合物主要是通过岩石的风化和沉积物的溶解转变为可被生物利用的营养物质,而海底沉积物转化为岩石圈成分则是一个相当长的、缓慢的、单向的物质转移过程,时间要以千年来计。这些沉积型循环物质的主要储库在土壤、沉积物和岩石中,而无气体状态,属于沉积型循环的物质有:磷、钙、钾、钠、镁、锰、铁、铜、硅等,其中磷是较典型的沉积型循环物质,磷的主要来源是磷酸盐类岩石和含磷的沉积物(如鸟粪等)。它们通过风化和采矿进入水循环,变成可溶性磷酸盐被植物吸收利用,进入食物链。以后各类生物的排泄物和尸体被分解者微生物所分解,把其中的有机磷转化为无机形式的可溶性磷酸盐,接着其中的一部分再次被植物利用,纳入食物链进行循环;另一部分随水流进入海洋,长期保存在沉积岩中,结束循环。

物质运动,周行而不殆,循环不已,从物质生产和生命再生角度看,则每次物质循环的每个环节都是为物质生产或生命再生提供机会,促进循环就可更多发挥物质生产潜力,生物的生长繁衍的条件。

2. 生态系统的结构有序性原理 (Structural Ordering Principle)

(1)结构与功能

钱学森教授认为"系统"是"由相互作用和相互依赖的若干组成部分结合而成的具有特定功能的有机整体"。生态系统的结构是组成该系统生物及非生物成分的种类及其数量与密度、空间和时间的分布与搭配、相互间的比量,以及各种不同成分间相互联系、相互作用的内容和方式。结构有其相对的稳定性、绝对的波动性、变异性和有限的自我调节性。生态系统的结构有序性其构成如图 2-10 所示。

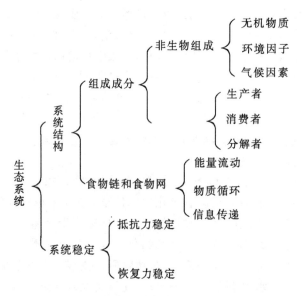

图 2-10 生态系统的结构有序性

每一个系统本身一定要有两个或两个以上的组分所构成。系统内的组分之间具有复杂的作用和依存关系。比如人工林生态系统,本身就包括着森林生物和森林环境两大组分,而其两大组分又可以自成系统(子系统)。像森林生物要分成植物(林木与伴生植物)、动物(鸟兽昆虫)、微生物(真菌、地衣)等。从环境角度讲,作为人为生态系统又应当分成自然环境和社会经济环境。这些组分形成了复杂的水平格局和垂直格局。没有森林生物不能称其为森林,没有森林环境也不会形成森林。所以生态工程实施中必须把环境与生物进行充分协调与选择,从而构成一个和谐而高效的人工系统。从生物部分来看,首先是以植物为主的绿色植物群落,它是这个系统的生产者;以放牧性食物链节点存在的动物群落,是依赖于绿色植物而存在的,同时,也对绿色植物群落有明显的作用。还有以腐生性食物链节点利用以上两种生物残体和其形成的小环境为生的低等生物群落等等。

作为一个稳定高效的系统必然是一个和谐的整体,各组分之间必须有适当的比例关系和明显的功能的分工与协调,只有这样才能使系统顺利完成能量、物质、信息、价值的转换和流通。"结构决定功能",当系统中某个组分发生量的变化后,必然影响到其它组分的反应,最终影响到整体系统。退化生态系统修复以及生态工程设计过程中,一个重要任务就是如何通过整体结构而实现人工生态系统的高效功能。

不同类别的生态系统,不同时期、不同区域的同类生态系统,其结构可能不同,因此呈现不同状态和宏观特性,从而对自然界、人类社会、经济的支持、贡献和制约作用也不同,而生态系统的功能是接受物质、能量、信息,并按时间程序产生物质、能量、信息。概括来说,可谓"由输入转化为输出的机制,从而造成系统及其状态的变换"。它是组成系统的全部或大部分成分(状态变量)与由系统外输入及向系统外输出的物质、能量和信息的综合效应。例如物流(物质的迁移、转化、积累、释放、代谢等)、能流、信息流、生物生产力、自我调节、污染物的自净等。功能是维持结构的存在及发展的基础,但又是通过结构这一框架和渠道来实现的。一个生态系统的功能决定一个生态系统的性质、生产力、自净能力、缓冲能力,以及它对自然、人类社会、经济的效益和危害,也是该生态系统相对稳定和可持续发展的基础。在一个生态系统中,物流在空间上、时间上要遵循一定的序列,按一定层次结构来进行,且各层次、环节间的量及物质和能的流通量也各有一定的协调比量。

(2)群落交错区

两个或多个群落之间的过渡区域为群落交错区。在群落交错区往往包含两个重叠群落中所有的一些种以及交错区的特有种;群落交错区的环境比较复杂,两类群落中的生物能够通过迁移而交流,能为不同生态类型植物定居,从而为更多的动物提供食物、营巢地隐蔽条件,从而产生边缘效应。

(3)边缘效应

在两个或多个不同性质的生态系统(或其他系统)交互作用处,由于某些生态因子(可能是物质、能量、信息、时机或地域)或系统属性的差异和协同作用而引起系统某些组分及行为(如种群密度、生产力和多样性等)不同于系统内部的较大变化,这种现象称为边缘效应[144]。

生态系统是一个有机整体,它本身必须具备自然或人为划定的明显边界,边界内的功能具有明显的相对独立性。一片果园、一片人工林,它们与相邻的系统是具有明显边界的,其功能与其它系统也是不同的,然而,系统的边缘部分常表现出与中心部分不同的生态学特征。系统或斑块中心部分在生物地球化学循环、气象条件等方面均可能与边缘不同,边缘常具有较高的初级生产力。不同森林群落的交界处,农田和草原交接处,城市与乡村结合部,江河海洋交汇处等,均体现着不同性质系统间相似相离、相互联系又相互独立的独特性质。在自然生态系统中,边缘效应在性质上有正效应和负效应。正效应表现出效应区(交错区、交接区、边缘)比系统或斑块的中心区域有更高的生产力和物种多样性等。负效应主要表现在群落交错区种类组分减少,植株生理生态指标下降,生物量和生产力降低等。

Murcia[145]将片断化森林边缘效应的类型与表示方法划分为 3 类:

①非生物效应。来源于不同结构基质的自然环境条件的变化也包括在其中,如养分循环、

能量平衡和小气候沿着边缘的变化等；

②直接生物效应。边缘附近自然环境的改变引起物种多度和分布的变化也包括在其中；

③间接生物效应。来源于边缘或边缘附近物种之间的相互作用的改变，例如竞争、捕食、种子扩散、生物传粉等。同时，这种效应还与某些种群遗传学结构的改变也相关。

陈利项等[146]认为由于不同的研究对象所表现出的边缘效应特征不同，在确定一个生态系统（斑块）的边缘效应时，应该考虑下列四个方面的影响因子：

（1）研究或需要保护（研究）的对象

边缘效应是有针对性的一些动物、植物或物理过程对边界比较敏感，常常会出现明显的边缘效应，如对人类活动、天敌、道路交通噪声、环境污染等反应比较明显。在针对这些物种保护进行景观格局设计时，边缘效应应该成为考虑的一个重要方面。但对于一些对边界和外来干扰不敏感的生物种群，特别是那些多生境物种来说，边缘效应一般表现的并不强烈，在针对这些生物种群保护进行景观格局设计时，边缘效应可以作为次要因素考虑。

（2）景观适宜性或相邻景观的影响

即使对于同一种生物，在考虑其栖息斑块的边缘效应时，也不应该简单地以一固定的宽度划出边缘效应。斑块的边缘效应同时与其相邻斑块的景观相似性（适宜性）有关。如果主体斑块与周边斑块适宜性相近，则该斑块的边缘效应较弱；反之，如果两种斑块类型之间对比强烈，通常应表现出强烈的边缘效应。例如大熊猫生存的斑块，如果其周边的景观类型是农田、居民点和道路等人类活动特征比较明显的景观，那么斑块的边缘效应将十分强烈；但是如果大熊猫生存斑块的周边是自然属性比较明显的景观类型，如自然草地、高山草甸、次生灌丛，由于他们对大熊猫的影响相对于人类活动而言较小，那么斑块的边缘效应则较弱。因此在讨论生物栖息斑块的边缘效应时，应该充分考虑斑块周边景观类型的适宜性及其对目标物种的影响程度。

（3）斑块的形状

斑块形状对边缘效应的影响十分明显。一般认为圆形或正方形斑块的边缘效应较小，形状复杂的斑块边缘效应比较强烈。但是如果核心斑块的性质相同，而周边景观类型不同（适宜性不同），那么斑块的边缘效应会有较大差异。如图2-11所示，一般认为图2-11(c)边缘效应最强，核心区的面积最小。但是，如果斑块周边的景观性质在一定程度上也适宜目标物种的生存，那么边缘效应会减弱，周边景观实际上起到了减弱外界干扰的作用，核心区的面积会有所扩大，其空间分布形状也将发生一定的变化，将会与图2-11(c)中的虚线斑块形状有所不同。如果周边景观类型属于完全不适宜物种生存的景观，那么斑块的边缘效应处于最大，核心区面积最小，正如图2-11(c)中的虚线所示，对于图中斑块边缘的任何一点，受到周边景观的影响程度还取决于周边景观类型的性质，即与核心斑块的相似性或适宜性。

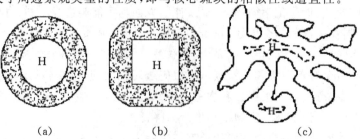

(a)　　　　　　　(b)　　　　　　　(c)

图2-11　斑块形状对边缘效应的影响比较

（4）尺度效应

因为研究对象本身的活动能力、环境适应能力和分布特征差异,边缘效应通常会表现出明显的尺度差异。植物种类和小型动物种类由于空间散布能力差、生境适应能力弱或者对核心生境有某种严格要求,其边缘效应最佳观测尺度一般为生态系统(斑块)之间的过渡区域,一些小型昆虫甚至在边缘地区内部仍会由于生境特点的细微差异而表现出明显的密度空间分异;大型动物种类,特别是那些多生境物种的空间分布与活动一般表现为景观尺度水平的边缘效应,即在多种组分构建的景观内部,这些物种可能会选择一种或少数几种组分作为核心生境,而其余斑块类型均成为该物种核心生境与周边其他景观类型之间的过渡区域。

此外,边缘效应还可能会受到边缘两侧的生态应力强度和方向、斑块或景观分布的环境与梯度特征、边缘区域发育的时间等因素的影响。

3. 平衡原理(Balance Principle)

生态系统在一定时期内,各组分通过相生相克、转化、补偿、反馈等相互作用,结构与功能达到协调,而处于相对稳定态。此稳定态是一种生态平衡。生态平衡就整体而言可分为以下几种。

（1）结构平衡

生物与生物之间、生物与环境之间、环境各组分之间,保持相对稳定的合理结构,及彼此间的协调比例关系,维护与保障物质的正常循环畅通。

（2）功能平衡

由植物、动物、微生物等所组成的生产—分解—转化的代谢过程和生态系统与外部环境、生物圈之间物质交换及循环关系保持正常运行。但由于各种生物的代谢机能不同,它们适应外部环境变化的能力与大小不同,加之气象等自然因素的季节变化作用,所以生物与环境间相互维持的平衡不是恒定的,而是经常处于一定范围的波动,是动态平衡。

（3）收支平衡

作为开放系统,生态系统不断地与外部环境进行物质和能量的交换,并有趋向输入与输出平衡的趋势,如收支失衡就将引起该生态系统中资源萧条和生态衰竭(Ecological exhaustion)或生态停滞(Ecological stagnancy)。当一个生态系统中物质的输入量大于输出量,且超越生态系统自我调节的能力时,过度输入的物质和能将以废物的形式排放到周围环境中,或是以过剩物质的形式积蓄于生态系统中,这样就造成收支失衡,原有协调结构与功能失调,导致环境污染,这种状况即生态停滞。其指标可以按输入与输出的某些物质的比量来计测,即在一定时期内,某些物质的输入量与输出量的比例大于1。当生态停滞严重时,如水体接受过量废水中的一些污染物质,其量超越该水体可迁移、转化、输出的量,出现收支失衡,导致污染,这就应当增支节收,恢复收支平衡。一方面调整并协调内部结构和功能,改善与加速生态系统中物质的迁移、转化、循环、输出,以增加过剩物的输出,同时,另一方面控制过剩物的输入。在一个生态系统中某些物质的输出量大于输入量,其比例小于1,此种状况即生态衰竭,如过度放牧、过度捕捞等,这是以破坏资源及环境,牺牲可持续发展为代价,来获取一时的高产与暂时效益的。在这种情况时,应当采取增收节支,以恢复收支平衡。一方面增加生态系统物流中匮乏物质的输入量,另一方面调整与协调该生态系统内部结构与功能,改善与加速物质循环,减少匮乏物质的输出。只有某些物质输入与输出量平衡时,即其比量接近1时,才反映人类活动对该生态系统的不利影响是不大的。社会—经济—自然复合生态系统中,不仅在物流方面要力求收支平衡,而且在人力流、货币流方面也可能出现停滞与衰竭的问题,这可应用一些经济规律来解决。

平衡学说:认为共同生活在同一群落中的物种种群处于一种稳定状态。其中核心思想是:

①共同生活的物种通过竞争、捕食和互利共生等种间相互作用而互相牵制;

②生物群落具有全局稳定性特点,种间相互作用导致群落的稳定特性,在稳定状态下群落的物种组成和各种群落数量都变化不大;

③群落实际上出现的变化是由于环境的变化,即所谓的干扰所造成的,并且干扰是逐渐衰亡的。因此,平衡学说把生物群落视为存在于不断变化着的物理环境中的稳定实体。

非平衡说:非平衡学说的主要依据就是中度干扰理论。该学说认为,构成群落的物种始终处于变化之中,群落不能达到平衡状态,自然界的群落不存在全局稳定性,有的只是群落的抵抗性(群落抵抗外界干扰的能力)和恢复性(群落在受干扰后恢复到原来状态的能力)。

耗散结构理论指出,一个开放系统,它的有序性来自非平衡态,也就是说,在一定的条件下,当系统处于某种非平衡态时,它能够产生维持有序性的自组织,不断和系统外进行物质与能量的交换。该系统尽管不断产生熵,但能向环境输出熵,使系统保留熵值呈减少的趋势,即维持其有序性。生态系统各组分不断和外部系统进行物质和能量的交换,在产生熵的同时又不断向外界环境输出熵,是耗散结构系统,外力干扰会使系统内部产生相当的变化,一定限度的外力干扰,系统可以进行自我调整。而当外力干扰超过一定限度时,系统就能从一个状态向新的有序状态变化。生态工程的目的是建造一个有序的生态系统结构,通过系统的自组织和抗干扰能力实现其有序性。

干扰学理论:干扰是群落外部不连续存在、间断发生的因子的突然作用或连续存在因子超"正常"范围的波动,这种作用或波动能引起有机体、种群或群落发生全部或部分明显变化,使其结构和功能受到损害或发生改变。干扰意为平静的中断或正常过程的打扰或妨碍,它是自然界的普遍现象。

按干扰性质划分为破坏性干扰和增益性干扰,多数干扰会导致生态系统正常结构的破坏、生态平衡的失调和生态功能的退化,有时候甚至是毁灭的,如各种地质、气候灾害、森林的砍伐和长期的过度放牧等掠夺式经营。适度干扰可增加生态系统的生物多样性,而生物多样性的增加往往又有益于生态系统稳定性的提高。因此,适度干扰是维持生态系统平衡和稳定的因子,并有利于促进系统的演化。

中等程度的干扰频率才能维持高多样性,如果间隔期太长,竞争作用达到排斥别种的程度,多样性也不会很高。反之,如果干扰频繁,则先锋种不能发展到演替中期,从而保持较低的多样性。任何超越一个生态系统自我调节能力的外来干扰,破坏结构间协调、或功能间协调、或结构与功能间协调,势必破坏与改变该生态系统的原有性质及整体功能。

4. 系统自我调节与生态演替

系统自我调节:是属于自组织的稳态机制,其目的在于完善生态系统整体的结构与功能。而不仅是其中某些成分的量的增减。当生态系统中某个层次结构中某一成分改变,或外界的输出发生一定变化,系统本身主要通过反馈机制,自动调节内部结构(质和量)及相应功能,维护生态系统的相对稳定性和有序性。在一个稳态的生态系统中负反馈常较正反馈占优势。自我调节能在有利的条件和时期加速生态系统的发展,同时在不利时也可避免受害,得到最大限度的自我保护,即它们对环境变化有强的适应能力。

生态演替原则:随着时间的推移,一个群落被另一个群落代替的过程,就叫做演替。群落演替的三阶段:侵入定居阶段(先锋群落阶段)一些物种侵入裸地定居成功并改良了环境,为以后侵入的同种或异种创造有利条件;竞争平衡阶段。通过种内或种间斗争,优势的物种定居并繁殖后代,劣势物种被排斥,相互竞争过程中共存下来的物种,在利用资源上达到相对平衡;相对稳定阶段。物种通过竞争平衡地进入协调进化,资源利用更为有效充分,群落结构更加完善,有比较固定的物种组成数量比例,群落结构复杂、层次多样。

在未经干扰的自然状态下,森林群落从结构较简单、不稳定或稳定性较小的阶段(群落)发展到结构更复杂、更稳定的阶段(群落),后一阶段总比前一阶段利用环境更充分,改造环境的作用也更强,称为进展演替。在人为不利干扰作用下,群落结构则从稳定复杂向简单不稳定方向发展,称为逆向演替。例如,英国南约克郡的匹克国家公园运用生态演替方式对破坏的景观进行恢复,通过种植优选出的乡土草种,耐受力强的慢生地方草种来代替种植速生但是抵抗力弱的农业草种,栽培形成多层次的植物群落,逐步改良采矿废弃地的土壤,促进植被进展演替,很好的恢复了地表覆被。

5. 景观生态原理

景观生态学是近年来发展起来的一个新的生态学分支,它以整个景观为研究对象,并着重研究景观中自然资源和环境的异质性。景观是由相互作用的斑块或生态系统组成的,并以相似的形式重复出现,具有高度空间异质性的区域。它分生态系统和地貌类型两个侧面。景观生态学是宏观生态学的基础,其基本内容包括:景观空间异质性理论;利用景观背景选点恢复;斑块恢复的空间框架理论;景观研究的尺度性(多尺度特征)。

(1)景观空间异质性理论

景观是异质性的,是由不同演替阶段、不同类型的斑块构成的镶嵌体,这种镶嵌体结构由处于稳定和不稳定状态的斑块、廊道和基质构成。斑块、廊道和基质是景观生态学用来解释景观结构的基本要素。景观格局一般指景观的空间分布,是指大小与形状不一的景观斑块在景观空间上的排列,是景观异质性的具体体现,又是各种生态过程在不同尺度上作用的结果。物种、能量和物质于斑块、廊道及基质之间的分布方面表现出不同的结构。因此,景观的物种、能量和物质在景观结构组分之间的流动方面表现出不同的功能。景观异质性或时空镶嵌性有利于物种的生存和延续及生态系统的稳定,如一些物种在幼体和成体不同生活史阶段需要两种完全不同栖息环境,还有不少物种随着季节变换或进行成不同生命活动时(觅食、繁殖等)也需要不同类型栖息环境。

(2)利用景观背景选点恢复

能够根据周围环境的背景来建立恢复的目标,并为恢复地点的选择提供参考。景观中有某些点对控制水平生态过程有关键性的作用,可称之为景观战略点,将给退化生态系统恢复带来先手、空间联系及高效的优势。在异相景观中,有一些对退化生态系统恢复起关键作用的点,如一个盆地的进出水口,廊道的断裂处,一个具有"跳板(Stepping Stone)"作用的残遗斑块,河道网络上的汇合口及河谷与山脊之交接处,在这些关键点上采取恢复措施可以达到事半功倍的效果,比如位于景观中央的森林斑块比位于其它地段的森林斑块更适合成为鸟类的栖息地。Robinson Handel 讨论了城市中垃圾填埋场的植被恢复,而这种恢复是依赖于周围植被残余斑块的介入成功地恢复的。也有研究观察显示在露天矿的生态恢复过程中,林缘的凹边部位比其他地段更易被林木所优先占据。

(3)斑块恢复的空间框架理论

对于大尺度不同的空间动态和不同恢复类型都可利用景观指数如斑块形状、大小和镶嵌等来表示。如果可以将物质流动和动植物种群的发生与不同的景观属性联系起来,那么对景观属性的测定可以使恢复实施者们预见到所要构建的生态系统的反应并且可以提供新的、潜在的更具活力的成功恢复方案。比如我国西部地区在长期的生产实践中创造出的很多成功的生态系统恢复模式:黄土高原小流域综合治理的农、草、林立体镶嵌模式,风沙半干旱区的林、草、田体系,牧区基本草场的围栏建设与定居点"小生物圈"恢复模式等,它们共同特点是采取增加景观异质性的办法创造新的景观格局,注意在原有的生态平衡中引进新的负反馈环节,改单一经营为多种经营的综合发展。

(4)景观研究的尺度性(多尺度特征)

Risser 等也曾提出了 5 条景观生态学原理:

①空间格局与生态学过程之间的关系并不局限于单一的或特殊的空间尺度和时间尺度。

②景观生态在一个空间或时间尺度上对问题的理解,会受益于对格局作用在较小或较大尺度上的试验和观察。

③在不同的空间和时间尺度上生态学过程的作用或重要性将发生变化。因此,生物地理过程在确定局部格局方面相对来讲是不重要的,但对区域性格局可能会起主要作用。

④不同的物种和物种类群(如植物、草食动物、肉食动物、寄生生物)在不同的空间尺度上活动(生存),因此,在一个给定尺度上的研究,对不同的物种或物种类群的分辨率是不同的。每一个物种对景观的观察和反应是独特的。对一个种来说是同质性的斑块,而对另一个种来说则是相当异质性的。

⑤景观组分的尺度是由具体的研究目的或确切的经营问题的空间尺度或大小来定义的。假如一个研究或经营问题主要涉及一个特定的尺度,那么,在更小尺度上出现的过程与格局并不总是可以被察觉的,而在更大尺度上出现的过程与格局则可能被忽略。

2.3.2 退化生态系统修复的目标及原则

1. 退化生态系统修复的目标

广义的恢复目标是通过修复生态系统功能并补充生物组分使受损的生态系统回到一个更自然条件下,理想的恢复应同时满足区域目标和地方目标。Hobbs 和 Norton 认为恢复退化生态系统的目标包括:建立合理的内容组成(种类丰富度及多度)、结构(植被和土壤的垂直结构)、格局(生态系统成分的水平安排)、异质性(各组分由多个变量组成)、功能(诸如水、能量、物质流动等基本生态过程的表现)。

那么,结合规划及建设项目进行生态恢复工程的目标应有 4 个:

(1)恢复诸如废弃矿地这样极度退化的生境;

(2)提高退化土地上的生产力;

(3)在被保护的景观内去除干扰以加强保护;

(4)对现有生态系统进行合理利用和保护,维持其服务功能[144]。

2. 退化生态系统修复的原则

(1)修复生态系统要坚持生态效益最佳原则、生态风险最小原则与资源消耗最低原则,这是生态系统恢复和重建的重要目标之一,也是实现生态效益、经济效益和社会效益完美统一的必然要求。趋利避害、寻求风险最小是保护自然生态系统的根本要求。

在风险分析中,ALARP(As Low As Reasonably Practicable,ALARP)准则是最常用的风险可接受准则,如图 2 - 12 所示。ALARP 准则最早是由英国健康、安全和环境部门(Health Safety and Environment,HSE)提出的进行风险管理和决策的准则,现已成为可接受风险标准确立的基本框架。ALARP 准则适用于环境风险的评估。

ALARP 准则的含义是:任何开发建设活动都具有风险,不可能通过预防措施来彻底消除风险,必须在风险水平与利益之间做出平衡。

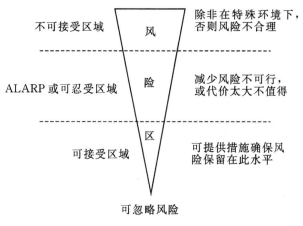

图 2 - 12　ALARP 标准

ALARP 原则,该项目风险判据原则依据风险的严重程度将项目可能出现的风险进行分级。项目风险由不可容忍线和可忽略线将其分为风险严重区、ALARP 区和可忽略区。风险严重区和 ALARP 区是项目风险辨识的重点所在,项目风险辨识必须尽可能地找出该区所有的风险。同时该原则也提供了项目风险确定的判据标准,所以项目风险辨识也应该以此为原则,以最低资源消耗最小环境代价换取最大经济效益(见图 2 - 12)。

(2)自然优先原则:自然有它的演变和更新的规律,同时具有很强的自我维持和自我恢复能力,生态设计要充分利用自然的能动性使其维持自我更新,减少人类对自然影响,同时带来极大的生态效益。

(3)最小干预最大促进原则:景观设计是在既定的空间环境中进行的,人类的活动势必对自然环境产生一定的干扰,生态设计要把干扰降到最低并且努力通过设计的手段促进自然生态系统的物质循环、能量流动和信息传递,维护环境中的自然过程与原有生态格局,增强生物多样性。

2.3.3　退化生态系统恢复的途径和方法

恢复是通过人类主观意愿的参与和引导,模拟原生生态系统特有的结构、功能、多样性和动态,经过系统正态演替建立起具有区域地带性的原生生态系统的恢复途径。但是,原生生态系统的具体特征只能推断而难以确定,演替过程漫长又易于受到干扰作用而偏离原定设计目标。因此,在工程、经济和生态效果中寻求平衡,坚持最小风险,最大收益原则,恢复可以是直接地、完全地返回到地带性的原生生态系统;也可以是停留在多种可选稳定状态的某一种,或是生态系统长期目标的某种中间稳定状态。根本目的是修复被破坏的或功能受阻的生态功能和特征上,那么,广义的生态系统的恢复便包括:恢复、重建、改良和保护。

(1)重建途径是在生态系统经历了各种退化阶段,或者超越了一个或多个不可逆阈值时所采取的一种恢复途径。对于退化较严重的生态系统,尤其是自然植被已不复存在或林下土壤条件也发生根本改变的地区,应该采取重建途径。比如公路或铁路建设占用了林地的情况下,需要易地补偿,是不可能再恢复到原来地带性生态系统的,选择新的植被类型以适应新的的环境条件,把地带性生态系统的结构和功能作为原理模型来效仿,重新构筑与现实生态状况相协调的自我维持生态系统结构是高效而现实的途径。重建要求持久的人为经营管理与连续不断地能量、物质和水分、养分供给,重建就是通过基于对干扰前生态系统结构和功能的了解,目标从保护转而利用。

(2)改良是改善环境条件使原有的生物生存,一般指原有景观彻底破坏后的恢复。改进是指对原有的受损系统进行重新的修复,以使系统某些结构与功能得以提高。

(3)保护途径需要采取保护措施的对象是那些完全没有受到破坏或者破坏较轻,原始植被没有发生根本改变的生态系统,也包括受到干扰,但所形成的群落相对稳定,自然演替速率很慢的生态系统。比如对一般的天然林通常采取封山育林、禁伐禁猎的措施;对于具有特殊意义的天然林采取建立保护区的措施,进行科学和有效的管理。

在恢复比较困难或不可能的情况下,社会对土地和资源的要求又强烈,需要一种或多种植被转换,因而重建是必要的,通过建立一个简化的生态系统而修复生态系统。这种生态系统管理得好,就可以恢复得更复杂。从理论上讲,重建需要越过几个恢复的临界阈值。对极度退化的生态系统就必须改良,这意味着对生态系统长期的管理和投资,不再追求生态系统自我更新,而是完全人工制造并维持。Bradshaw 和 Lugo 对退化、恢复、重建与改良关系作了示意图[147](见图 2 - 13)。

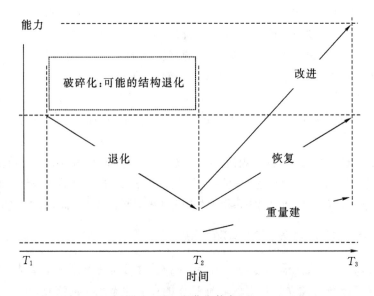

图 2 - 13　退化和恢复

不同类型和不同程度的退化生态系统,其恢复方法也不尽相同。从生态系统的组成成分来看,主要包括非生物和生物系统的恢复。无机环境的恢复技术包括水体恢复技术(如污染控制、去除富营养化、换水、积水、排涝和灌溉技术)、土壤恢复技术(如耕作制度和方式的改变、施肥、土壤改良、表土稳定、控制水土侵蚀、换土及分解污染物等)、空气恢复技术(如烟尘吸附、生物和化学吸附等)。生物系统的恢复技术包括植被(物种的引入、品种改良、植物快速繁殖、植物的搭配、植物的种植、林分改造等)、消费者(捕食者的引进、病虫害的控制)和分解者(微生物的引种及控制)的重建技术和生态规划技术的应用[148]。

在生态恢复实践中,同一项目可能会应用上述多种技术。总之,生态恢复中最重要的还是综合考虑实际情况,充分利用各种技术,通过研究与实践,尽快地恢复生态系统的结构,进而恢复其功能,实现生态、经济、社会和美学效益的统一。

　　生态恢复是通过人工的方法,参照自然规律,创造良好的环境,恢复天然的生态系统,主要是重新创造、引导或加速自然演化过程。生态恢复方法又包括物种框架法和最大生物多样性法。所谓物种框架法是指在距离天然林不远的地方,建立一个或一群物种,作为恢复生态系统的基本框架,这些物种通常是植物群落中的演替早期阶段物种或演替中期阶段物种。而最大生物多样性法是指尽可能地按照该生态系统退化前的物种组成及多样性水平种植进行恢复,需要大量种植演替成熟阶段的物种,忽略先锋物种。无论哪种方法,在这些过程中要对恢复地点进行准备,注意种子采集和种苗培育,种植和抚育,加强利用自然力,控制杂草,加强利用乡土种进行生态恢复的教育和研究[144]。

　　如果恢复主要依赖于自然演替,恢复就遵循 Allen 所提出的经典的恢复状态和跃迁模型(图 2-14)[149]。这类恢复必须基于种类减少不多、生态系统功能受损不大才行。如果生态系统受损越过了受生物或非生物因子控制的不可逆的阈值,生态系统恢复将遵循 Whisenant 所提出的更复杂的恢复的状态和跃迁模型(见图 2-15)[150],该图显示退化是分步完成的,而且要经过被生物或非生物控制的跃迁阈值。

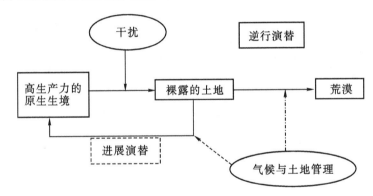

图 2-14　基于演替观的简单状态和跃迁模型

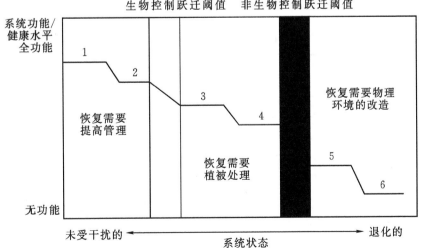

图 2-15　更复杂的状态和跃迁模型

恢复是通过对地点造型、改进土壤、种植植被等促进次生演替。在那些与遗弃地或自然干扰不同的地方进行恢复时,由于退化的程度不同,可能会改变了原来演替方向,不遵循模仿的次生演替途径。1999年Zedler在研究了大量恢复实例的基础上提出了生态恢复谱(Ecologicalrestoration spectrum)理论。包括可预测性、退化程度和努力3部分。可预测性指示生态系统随时间的发育,即它将沿什么方向发展并达到参考系统的接近程度。退化程度指样地和区域两个尺度上的受损情况和程度。努力则涉及到对地形、水文、土壤、植被和动物等的更改。严重退化情形下,恢复努力越少,预测其目标越不可能达到,恢复努力越大,目标越易达到。但复杂情形下可能出现以不同的速率及不同的方向恢复。根据这些原则可以指导恢复实践并预测恢复结果。如潘占兵等[151]提出的半干旱黄土丘陵区退化生态系统恢复模式(见图2-16和图2-17)。

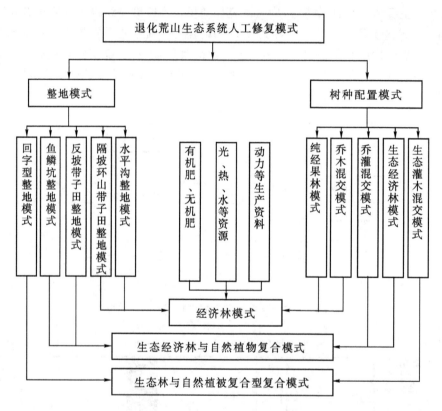

图2-16 退化荒山生态系统人工修复模式结构

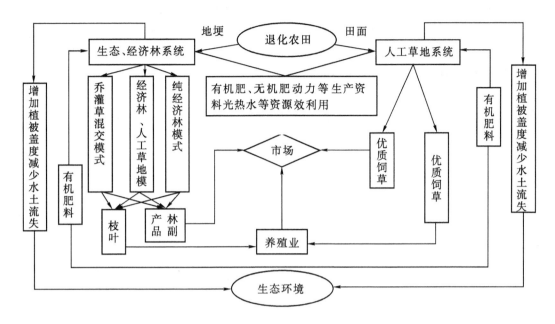

图 2-17 退耕地人工林草建设模式

2.3.4 生态系统恢复成功的评价标准

对于原本偏离自然状态的系统,经过一段时间自然再生和人工设计后,如何评价生态恢复的程度? 理想的恢复是指系统的结构和功能回到接近其受干扰以前的结构与功能,结构恢复指标是乡土种的丰富度,而功能恢复的指标包括初级生产力和次级生产力、食物网结构、在物种组成与生态系统过程中存在反馈,即恢复所期望的物种丰富度,管理群落结构的发展,确认群落结构与功能间的联结已形成。Bradsaw 提出可用如下 5 个标准判断生态恢复:

(1)可持续性(可自然更新);

(2)不可入侵性(象自然群落一样能抵制入侵);

(3)生产力(与自然群落一样高);

(4)营养保持力;

(5)具有生物间相互作用(植物、动物、微生物)[144]。

Aronson 等提出了 25 个重要的生态系统特征和重要的景观特征。这些生态系统特征主要是结构、组成和功能,而景观特征则包括景观结构与生物组成、景观内生态系统间的功能作用、景观破碎化和退化的程度类型和原因[152]。

评价特征的选择应该具备 5 个基本要素:灵敏性、可量化、易测定、花费小、统一性。因此,在实践应用中衡量一个退化生态系统的恢复或原生生态系统的退化程度,可以从以下 9 类标准判断[153]:

(1)生物量生产力。生物量生产力作为植物总盖度的一个重要补充因子,对退化生态系统的恢复非常重要。一些生态系统退化阶段早期比受干扰前生产力要高,这是因为退化初期一年生草本和多年生豆科木本植物的快速侵入造成的,而退化后期的生产力剧烈下降。

(2)土壤有机物含量。土壤有机物含量是生态系统功能的重要指标。如一些亚热带土壤的有机碳含量与地上生物量呈典型的正相关关系。土壤有机质含量低直接影响土壤的特性，而这些特性对某些植物幼苗的生长与其根系吸收和渗透作用至关重要。

（3）土壤最大有效持水量。在干旱半干旱地区，降水量波动比较大，有时甚至很难满足生物的正常需要，因而土壤最大有效保水量对干旱半干旱地区生态系统非常重要。

（4）有效降水量系数。有效降水系数是指降水渗透到土壤中下层的量，是土壤表层状况及土壤吸水能力的指示值。渗透穿过土壤表层的水量不被植物所利用，对土壤最大有效持水量而言，有效降水系数是干旱半干旱地区土壤状况的重要指标。

（5）降水利用效率。降水利用效率是年降水量与地上生物量生产力之间的比率，在干旱地区，它是土壤和生态系统生产力的指示值。

（6）有效水持续期。联系降水利用效率，有效水持续期能够预测季节性、持续期和植物生长的适宜度，有助于恢复和重建退化生态系统。

（7）氮素利用效率。即使是在干旱环境下，N 利用效率是一个关键属性，有效 N、P 等营养元素能够促进植物生长。

（8）微生物共生体作用。微生物共生体作用同生物量、多样性对生态系统同样重要。

（9）循环系数。循环系数是衡量能够再循环的能量、营养元素与直接流经生态系统能量、营养元素的比率。物种丰富度及生态系统其他结构与功能属性与土壤营养元素水平及其循环关系非常紧密。

在具体应用上述标准时，应该依据下列 6 条原则[144]：

（1）超过一个或几个不可逆阈值后，不利用管理和经营技术对系统的结构进行干扰，退化生态系统的恢复是不可能的，退化生态系统退化过程中越过的阈值越大，其恢复所需要的时间越长和所需要的能量越大。

（2）随着生态系统的退化，其生活型谱和 β－多样性指数下降，而 α－多样性指数却在增加，生态系统的关键种比其他种更容易退化，种的丧失常常同时伴随着系统阈值的超界。

（3）引进关键种有助于加速退化生态系统的恢复，随着生态系统的退化，生态系统水分利用效率和 N 营养元素利用效率及循环次数在逐渐减少。

（4）不是所有的退化生态系统都需要恢复，对于植被、土壤和周围环境都发生彻底改变的生态系统，只能维持一种与现实生态环境相协调的状态。

（5）不能只根据物种数量的增加或减少判断生态系统退化与否，更重要的是要考虑生物多样性的各个等级水平，有时一定的干扰会增加生态系统的物种多样性。

（6）要想在生物与环境尚不适应的条件下重建生态系统，必须首先选择对不利条件有改造作用的"生态系统环境建设者"作为先锋种，先改变物理环境后再发展生物量和生产力。

2.4 生态恢复优秀案例：延安退耕还林草工程

2.4.1 工程背景

陕西延安市位于黄河中游陕北黄土高原丘陵沟壑区，介于北纬 $35°21' \sim 37°31'$，东经 $107°41' \sim 110°31'$。北接榆林市，南连咸阳、铜川、渭南市，东隔黄河与山西省临汾、吕梁地区相望，西依子午岭与甘肃省庆阳地区为邻，全市总面积 3.7 万 km^2。延安市地势西北高，东南低，黄土高原丘陵沟壑地貌,地形以塬、梁、峁为主,平均海拔 1200m。延安市水土流失面积 2.88 万 km²,占到总面积的 78%,年平均土壤侵蚀模数 9000t/km²,水土流失极为严重,年入黄泥沙 2.58 亿 t。延安市位居内陆干旱半干旱地区,四季分明、日照充足、昼夜温差大、年均无霜期 170d,年均气温 7.7℃ ~10.6℃,年均日照数 2300 ~2 700h,年均降水量 500mm 左右。受地理和气候等因素的综合影响,降水时空分布不均,从南到北依次递减,南部最高 650mm,北部最低 380mm;年内降水量的 75% 集中在 6—9 月份,多以暴雨形式出现,形成洪水而流失;降水年际变化大,有"十年九旱"之说。灾害性天气有干旱、冻害、冰雹、干热风、雨涝等[154]。

延安当时主要的生态和经济问题是:沟壑纵横、峁梁相间的黄土高原,水土流失严重,灾害频发;林分质量差,覆盖不均,树种单一,生长缓慢;群众多以种地、放牧为生,广种薄收,不仅未能解决生计,反而造成更严重的水土流失,陷入"越穷越垦、越垦越荒、越荒越穷"的恶性循环。

2.4.2 退耕还林草工程

1997 年,江泽民同志作出"再造一个山川秀美的西北地区"重要批示,1999 年,朱镕基同志视察延安后,提出了"退耕还林,封山绿化,个体承包、以粮代赈"十六字方针。自 1999 年以来,延安市在全国率先开展了大规模的以保护和改善生态环境为目的的退耕还林工程。

1999-2010 年,延安市累计完成国家计划内退耕还林面积 8.97×10⁶ 亩,其中退耕还林 5.02×10⁶ 亩,荒山造林 3.78×10⁶ 亩,封山育林 1.56 ×10⁵ 亩。占到全国的 2.5%,全省的 27%。十余年来,延安市生态环境明显改善。全市有林地面积增加了 9 个百分点,林草覆盖率由退耕前的 42.9% 提高到 57.9%,提高了 15 个百分点;全市主要河流多年平均含沙量较 1999 年下降了 8 个百分点;年径流量增加了 $1.0×10^7$ m³;水土流失综合治理程度达到 45.5%,比 1999 年前提高了 25 个百分点。据北京林业大学在吴起、安塞两县监测的结果显示,土壤年侵蚀摸数由退耕前的每平方公里 1.53 万吨,下降到目前的 0.54 万吨,下降了 1 万吨。现在,延安的山山岭岭都郁郁葱葱,山川大地的色调已经实现了由黄变绿的历史性转变。

2.4.3 良好的经济效益

发扬自力更生、艰苦奋斗的延安精神,通过建设基本口粮田、发展后续产业、建设沼气、生态移民、封山禁牧、舍饲养畜,解决农民长远生计问题;实行梁峁沟坡统一规划,山水田林路综合治理,山野景色焕然一新;调整产业结构,林果和畜牧并举,增产增收。

实施退耕还林后,政府及时制定产业结构调整思路,引导农民发展山地苹果。十年后的宝塔区柳林镇新茂台村发生了翻天覆地的变化。站在该村最高的山顶上瞭望四周,满目苍郁,郁郁葱葱。山上大片大片丰收的苹果,和退耕后已经成林的松、柏和槐树交相辉映。

同时,延安市抓住能源工业崛起、财政较好的有利时机,大力实行工业反哺农业,强化农业基础设施,改善农业生产条件,扶持农业产业发展。截至 2009 年底,全市新增基本农田 80 万亩,累计达到 316.5 万亩,农民人均 2.1 亩;新建苹果 127 万亩,累计达到 280 万亩,年总产近 200 万吨;发展红枣 40 万亩,年总产 4.3 万吨;发展核桃 25 万亩,年总产 5300 吨;建设蔬菜大棚 8.9 万座;畜牧产业中虽然羊子年均存栏有所减少,但养牛、养猪、养鸡业规模迅速扩大。洛川县正在建设百万头生猪基地,甘泉县的劳山养鸡业已成为远近闻名的品牌。"一县一业、一村一品"成为延安退耕还林后培育主导产业的新思路。各县区因地制宜发展苹果、草畜、棚栽、红枣、核桃、花椒等特色主导产业,实现生产方式由以粮为主向特色主导产业转变,实行规模化种植、标准化生产、集约化经营,群众收入逐年提高。2009 年,延安市实现生产总值 720.5 亿元,财政总收入 263.1 亿元,其中地方财政收入 90.5 亿元,农民人均纯收入 4268 元,较 1998 年退耕前的 1356 元增加了 2912 元[155]。

如今,村庄整洁绿化、基础设施完善、产业同步跟进。以能源化工、绿色产业和红色旅游为主的"黑、绿、红"三色已成为延安特色产业科学发展的主基调。

2.4.4　粮食总产量趋于稳定

退耕还林(草)以来,延安市粮食播种面积虽有所下降,但由于延安市加大了基本农田设施建设,先进农业技术的运用,致力于提高现有耕地的生产力。加上优良品种的选育,粮食单产迅速增加,因此,自 2004 年以来,粮食总产量虽有波动,但变化不大,粮食产量稳中有升[156]。

昔日黄土高原植被稀疏,荒凉苍茫,生态脆弱。如今山峦起伏,草木葱茏,退耕还林草工程成效显著(见彩图)。

第3章 生态环境影响评价的基本程序

3.1 生态环境影响评价的基本工作流程

3.1.1 生态环境影响评价原则

（1）坚持重点与全面相结合的原则。既要突出评价项目所涉及的重点区域、关键时段和主导生态因子，又要从整体上兼顾评价项目所涉及的生态系统和生态因子在不同时空等级尺度上结构与功能的完整性。

（2）坚持预防与恢复相结合的原则。预防优先，恢复补偿为辅。恢复、补偿等措施必须与项目所在地的生态功能区划的要求相适应。

（3）坚持定量与定性相结合的原则。生态影响评价应尽量采用定量方法进行描述和分析，当现有科学方法不能满足定量需要或因其他原因无法实现定量测定时，生态影响评价可通过定性或类比的方法进行描述和分析。

3.1.2 生态环境影响评价的步骤

1. 环境影响评价委托工作。联系业主，收集营业执照，确定企业名称；收集主管部门关于同意项目开展前期工作的批复＜审批、核准类＞或项目备案通知书＜备案类＞，确定项目名称、建设规模及内容。

2. 研究国家和地方相关环境保护的法律法规、政策、标准及相关规划等；依据相关规定确定环境影响评价文件类型查寻项目的国家产业政策符合性（产业结构调整指导目录（2011年本））、行业准入条件、发展规划和环境功能区规划；查分级审批管理办法及问询当地环保局，确定行政审批机关，以确定报告编制深度；查寻《建设项目环境保护管理条例》（国务院令第253号）、《建设项目环境影响评价分类管理名录》（环保部第44号，2017年9月1日起执行），确定报告类型（确定编制环境影响报告书或环境影响评价报告表）。

3. 收集和研究项目相关技术文件和其他相关文件，进行项目的初步工程分析和初步环境状况调查根据收集的可行性研究资料和其他有关技术资料进行初步工程分析，明确建设项目的工程组成，根据工艺流程确定排污环节和主要污染物，同时进行建设项目环境影响区的初步环境现状调查。

4. 环境影响因素识别和评价因子筛选，明确评价重点结合初步工程分析结果和环境现状资料，可以识别建设项目的环境影响因素，筛选主要的环境影响评价因子，明确评价重点。（污染物特征性和保护目标敏感性）

5. 确定工作等级、评价范围、评价标准，建设项目各环境要素专项评价原则上应划分工作等级,一般可划分为三级。一级评价对环境影响进行全面、详细、深入评价,二级评价对环境影响进行较为详细、深入评价,三级评价可只进行环境影响分析(划分依据及方法等可参看《环境影响评价技术导则》)。按各专项环境影响评价技术导则的要求,确定各环境要素和专题的评价范围;未制定专项环境影响评价技术导则的,根据建设项目可能影响范围确定环境影响评价范围,当评价范围外有环境敏感区的,应适当外延。根据评价范围各环境要素的环境功能区划,确定各评价因子所采用的环境质量标准及相应的污染物排放标准。

有地方污染物排放标准的,应优先选择地方污染物排放标准;国家污染物排放标准中没有限定的污染物,可采用国际通用标准;生产或服务过程的清洁生产分析采用国际发布的清洁生产规范性文件。

6.制定工作方案。拟定环评资料清单(交付业主);确定资质单位;根据确认好的企业名称和项目名称,起草环评执行标准建议函、环评第一次公示、公众参与调查表及汇总表,以及本项目所需的证明手续如安全、水保、林业、文物保护等证明手续(交付业主)。

勘察现场及资料收集:联系业主,约定勘察现场时间、地点;提前做好车票预订、食宿安排、勘察设备、交付业主的资料等准备工作;进场后,做好环境现状调查,重点调查外环境保护目标并绘制外环境草图、拍摄现场照片(东南西北4个方位,同方位3张以上照片),收集编制报告所需绝大部分资料。整理现场收集纸质及影像资料,绘制外环境关系及监测布点图,编制完成监测方案(交付业主或监测站)

7.进行环境现状评价和进一步的工程分析,在进行充分的环境现状调查、监测的基础上开展环境质量现状评价,之后根据污染源强和环境现状资料进行建设项目的环境影响预测,评价建设项目的环境影响。如建设项目周围环境现状和工艺流程发生重大变故,则需重新识别环境影响因素和筛选评价因子。

8.各环境要素的环境影响预测与评价(包括各专题的环境影响分析与评价)

预测与评价内容应包括:

(1)建设项目环境影响,按照建设项目实施过程的不同阶段,可划分为建设阶段的环境影响、生产运行阶段的环境影和服务期满后的环境影响。还应分析不同选择、选线方案的环境影响。

(2)当建设阶段的噪声、振动、地表水、地下水、大气、土壤等的影响程度较重、影响时间较长时,应进行建设阶段的环境影响预测。

(3)应预测建设项目生产运行阶段,正常排放和非正常排放、事故排放等情况的环境影响。

(4)应进行建设项目服务期满的环境影响评价,并提出环境保护措施。

(5)进行环境影响评价时,应考虑环境对建设项目影响的承载能力。

(6)涉及有毒有害、易燃、易爆物质生产、使用、贮存,存在重大危险源,存在潜在事故并可能对环境造成危害,包括健康、社会及生态风险(如外来生物入侵的生态风险)的建设项目,需进行环境风险评价。

(7)分析所采用的环境影响预测方法的适用性。

9.提出环境保护措施、进行技术经济论证,根据建设项目的环境影响、法律法规和标准等的要求以及公众意愿,提出减少环境污染和生态影响的环境管理措施和工程措施。

10.给出建设项目环境可行性的评价结论,要从与国家产业政策、环境保护政策、生态保护和建设规划的一致性,选址或选线与相关规划的相融性,清洁生产水平,环境保护措施、达标排放和污染物总量控制,公众意见等方面给出环境影响结论的综合结论。

11.完成环境影响评价文件的编制[157]

生态环境影响评价的具体流程如图 3-1 所示。

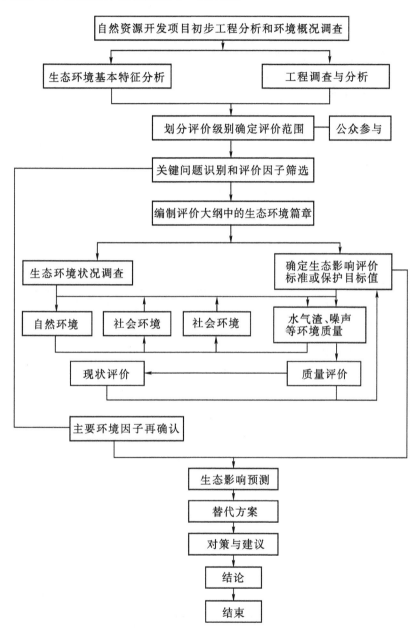

图 3-1　生态环境影响评价的流程

3.2 生态影响评价项目工程分析

3.2.1 工程分析的基本内容

生态影响型项目工程分析的内容应结合工程特点,提出工程施工期和运营期的影响和潜在影响因素,能量化的要给出量化指标。生态影响型项目工程分析应包括以下基本内容:

1.工程概况:介绍工程的名称、建设地点、性质、规模和工程特性,并给出工程特性表。

工程的项目组成及施工布置:按工程的特点给出工程的项目组成表,并说明工程的不同时期的主要活动内容与方式。阐明工程的主要设计方案,介绍工程的施工布置,并给出施工布置图。

2.施工规划:结合工程的建设进度,介绍工程的施工规划,对与生态环境保护有重要关系的规划建设内容和施工进度要做详细介绍。

3.生态环境影响源分析:通过调查,对项目建设可能造成生态环境影响的活动(影响源或影响因素)的强度、范围、方式进行分析,可能定量的要给出定量数据。如占地类型(湿地、滩涂、耕地、林地等)与面积,植被破坏量,特别是珍稀植物的破坏量,淹没面积,移民数量,水土流失量等均应给出量化数据。

4.主要污染物与源强分析:项目建设中的主要污染物废水、废气、固体废物的排放量和噪声发生源源强,须给出生产废水和生活污水的排放量和主要污染物排放量;废气给出排放源点位,说明源性质(固定源、移动源、连续源、瞬时源)主要污染物产生量;固体废物给出工程弃渣和生活垃圾的产生量;噪声则要给出主要噪声源的种类和声源强度。

5.替代方案:介绍工程选点、选线和工程设计中就不同方案所做的比选工作内容,说明推荐方案理由,以便从环境保护的角度分析工程选线、选址推荐方案的合理性。

3.2.2 工程分析技术要点

生态环境影响评价的工程分析一般要把握以下几点要求:

1. 工程组成完全

一般建设项目工程组成有主体工程、辅助工程、配套工程、公用工程和环保工程。必须将所有的工程建设活动,无论临时的、永久的,施工期的或运营期的,直接的或相关的,都考虑在内。一般应有完善的项目组成表,明确的占地、施工、技术标准等主要内容。

主要的辅助工程有:

(1)对外交通

新修、改建或扩建的对外交通公路,需了解其走向,占地类型与面积,匡算土石方量,了解修筑方式。有的大型项目,对外交通单列项目进行环评,则按公路建设项目进行环评。环评前已修建对外交通公路的项目,则要做现状调查,阐明对外交通公路基本工程情况,并在环评中需进行回顾性环境影响分析和采取补救性环保措施。

(2)施工道路

连接施工场地、营地,运送各种物料和土石方,都有施工道路问题。对于已设计施工道路的工程,具体说明其布线、修筑方法,主要关注是否影响到敏感保护目标,是否注意了植被保护或水土流失防治,其弃土是否进入河道等。对于尚未设计施工道路或仅有一般设想的工程,则需明确选线原则,提出合理的修建原则与建议,尤其需给出禁止线路占用的土地或地区。

（3）各种料场

包括土料场、石料场、砂石料场等施工建设的料场。需明确各种料场的点位,规模、采料作业时期及方法,尤其需明确有无爆破等特殊施工方法。料场的运输方式和运输道路问题,如皮带运输、汽车运输等,根据运输量和运输方式,可估算出诸如车流密度等。

（4）工业场地

工业场地布设,占地面积,主要作业内容等。一般应给出工业场地布置图,说明各项作业的具体安排,使用的主要加工设备,如碎石设备、混凝土搅拌设备、沥青搅拌设备等采取的环保措施等。有若干个工业场地则需一一说明。在选址合理性论证中,工业场地的选址是重要论证内容之一。

（5）施工营地

集中或单独建设的施工营地,无论大小,都需纳入工程分析中。与生活营地配套建设的供热、采暖、供水、供电以及炊事、环卫设施,都需一一说明。施工营地占地类型、占地面积,事后进行恢复的设计是分析的重点,都应进行环境合理性分析。

（6）弃土弃渣场

包括设置点位、每个场的弃土弃渣量,弃土弃渣方式,占地类型与数量,事后复垦或进行生态恢复的计划等。弃土弃渣场的合理选址是环评重要论证内容之一,在工程分析中需说明弃渣场坡度,径流汇集情况等,以及拟采取的安全设计措施和防止水土流失措施等。对于采矿和选矿工程,其弃渣场尤其是尾矿库是专门的设计内容,是在一系列工程地质、水文地质工作的基础上进行选择的,环评中亦作为专题进行工程分析与影响评价。

2. 重点工程明确

主要造成环境影响的工程,应作为重点的工程分析对象,明确其名称、位置、规模、建设方案、施工方案、运营方式等。一般还应将其所涉及的环境作为分析对象,因为同样的工程发生在不同的环境中,其影响作用是很不相同的。

重点工程包括:（1）工程规模比较大的,其影响范围大或时间比较长的;（2）位于环境敏感区附近的,虽然规模不是很大,但造成的环境影响却不小的。

重点工程是在全面了解工程组成的基础上确定的。重点工程确定的方法,一是研读设计文件并结合环境现场踏勘确定;二是通过类比调查并核查设计文件确定;三是通过投资分项进行了解（列入投资核算中的所有内容）;四是从环境敏感性调查入手再反推工程,类似于影响识别的方法。特别须注意设计文件以外的工程,如水利工程的复建道路、公路修建时的保通工程、矿区的生活区建设等。

3. 全过程分析

一般可将全过程分为选址选线期、设计方案、施工期、运营期和运营后期。

- 选址选线期在环境影响评价时一般已经过去,其工程分析内容体现在已给出的建设项目内容中。

- 设计期与环境影响评价基本同时进行,环境影响评价工程分析中需与设计方案编制形成一个互动的过程,不断相互反馈信息,尤其要将环境影响评价发现的设计方案环境影响问题及时提出,还可提出建议修改的内容,使设计工作及时纳入环境影响评价内容,同时须及时了解设计方案的进展与变化,并针对变化的方案进行环境合理性分析。当评价中发现选址选线在部分区域、路段或全线有重大环境不合理情况时,应提出合理的环境替代方案,对选址选线进行部分或全线调整。

- 施工方案的介绍应特别关注一些特殊性问题。如可能影响环境敏感区的施工区段施工方案分析,也须注意一些非规范性问题的分析,例如施工道路的设计,施工营地的设置等。施工方案在不同的地区应有不同的要求,例如在草原地带施工,机动车辆通行道路的规范化就是最重要的。
- 运营期的运营方式需要很好的说明。例如,水电站的调峰运行情况,矿业的采掘情况等。此种分析除重视主要问题的分析说明外,还需关注特殊性问题,尤其是不同环境条件下特别敏感的工程活动内容。例如,旅游有季节性高峰问题,对高峰的工程设计和应急措施应明确。
- 设备退役、矿山闭矿、渣场封闭等后期的工程分析,还需提出对未来的(后期的)污染控制、生态恢复和环境监测与管理方案的建议。这部分工作亦可以放在环保措施中。

4. 污染源分析

明确主要产生污染的源,污染物类型、源强、排放方式和纳污环境等。污染源可能发生于施工建设阶段,亦可能发生于运营期。污染源的控制要求与纳污的环境功能密切相关,因此必须同纳污环境联系起来做分析。大多数生态影响型建设项目的污染源强较小,影响亦较小,评价等级一般是三级,可以利用类比资料,并以充足的污染防治措施为主。污染源分析一般有:

(1)锅炉(开水锅炉或出力型采暖锅炉)烟气排放量计算及拟采取的除尘降噪措施和效果说明。须明确燃料类型、消耗量。燃煤锅炉一般取 SO_2 和烟尘作为污染控制因子。

(2)车辆扬尘量估算:一般采用类比方法计算。

(3)生活污水排放量按人均用水量乘以用水人数(如施工人数)的80%计。生活污水的污染因子一般取 COD,或氨氮、BOD。

(4)工业场地废水排放量:根据不同设备逐一核算并加和。其污染因子视情况而定,砂石料清洗可取 SS,机修等取 COD 和石油类等。

(5)固体废物:根据设计文件给出量。其中生活垃圾按人均垃圾产生量与人数的乘积计算。

(6)土石方平衡:根据设计文件给出量计算或核实。

(7)矿井废水量:根据设计文件给出量,必要时进行重新核算。

3.3 评价工作等级的划分以及评价范围的确定

3.3.1 评价工作等级的划分

依据影响区域的生态敏感性和评价项目的工程占地(含水域)范围,包括永久占地和临时占地,将生态影响评价工作等级划分为一级、二级和三级,如表 3-1 所示。位于原厂界(或永久用地)范围内的工业类改扩建项目,可做生态影响分析。

表 3 - 1　生态影响评价工作等级划分表

影响区域生态敏感性	工程占地(水域)范围		
	面积≥20km² 或长度≥100km	面积 2km²～20km² 或长度 50 km～100km	面积≤ 2km² 或长度≤ 50km
特殊生态敏感区	一级	一级	一级
重要生态敏感区	一级	二级	三级
一般区域	二级	三级	三级

当工程占地(含水域)范围的面积或长度分别属于两个不同评价工作等级时,原则上应按其中较高的评价工作等级进行评价。改扩建工程的工程占地范围以新增占地(含水域)面积或长度计算。

在矿山开采可能导致矿区土地利用类型明显改变,或拦河闸坝建设可能明显改变水文情势等情况下,评价工作等级应上调一级。

3.3.2　评价工作范围的确定

《环境影响评价技术导则　生态影响》(HJ19—2011)中规定:生态影响评价应能够充分体现生态完整性,涵盖评价项目全部活动的直接影响区域和间接影响区域。评价工作范围应依据评价项目对生态因子的影响方式、影响程度和生态因子之间的相互影响和相互依存关系确定。可综合考虑评价项目与项目区的气候过程、水文过程、生物过程等生物地球化学循环过程的相互作用关系,通常以评价项目影响区域所涉及的完整气候单元、水文单元、生态单元、地理单元界限为参照边界。

导则明确了评价工作范围确定的原则,但没有规定具体的评价范围,主要是基于以下 3 个方面的考虑:

(1)我国地域广阔,生态系统类型多样,项目复杂,难以给出一个具体的评价工作范围去要求不同地域和不同类型的项目,否则容易挂一漏万;

(2)不同行业导则对评价工作范围均已有明确规定;

(3)根据对以往建设项目的统计,当时多数生态影响评价工作并未按照原导则推荐的评价范围来开展。因此,不同项目的生态影响评价工作范围应依据相应的评价工作等级和具体行业导则要求,采用弹性与刚性相接合的方法来确定。

评价范围确定的原则可按如下来进行。

1.维护生态完整性原则

项目区的生态完整性,就是项目区所在区域整体的生态环境状况。工程实施后,生态影响有时不仅限于工程区内,还会影响整个区域的生态环境,因此确定评价范围时,还要考虑项目区周边的生态状况,并把周边可能影响项目区生态状况的区域放到评价范围内。主要体现在如下几方面:

(1)要包括邻近的生态系统

如项目位于群落交错区附近时,这里生态环境比较优越,此时相邻的两个或多个生态系统同时决定着该区域的生态质量,因此评价范围尽量包括进这些生态系统。例如,位于林地附近农田内的项目,也要应该把部分林地包括进评价范围。

（2）要包括和工程间接相关的区域

有的区域不位于施工区,但工程运行后会对其产生间接影响,这些区域也要包括进来。例如水库运营后,还会对坝下河道两侧一定范围内的陆域生态产生影响。

（3）要包括邻近的敏感生态区域

涉及到敏感生态区域时,如自然保护区,必须把维护该敏感区域的结构和功能作为分析重点,因此要把敏感生态区域的全部或部分包括进评价的范围。

2. 保护敏感生态目标的原则

保护敏感生态目标是生态影响评价的主要目的之一,也是确定生态评价范围的基本原则。如果工程区附近有重点保护野生动物栖息地、重点保护植物等敏感生态目标时,应该将其划入评价范围内,这样才能对其进行预测并提出切实可行的保护措施。

3. 生态因子相关性原则

健康完整的生态系统必然是多要素相互作用的有机整体,一个工程实施后往往会引起多个生态因子的连锁反应。所以,确定评价范围时,要充分考虑生态因子间的相关性,直接或间接受到影响的生态因子都应该包括在评价范围内。

4. 大小适宜性原则

评价范围要大小适当。范围过小,可能漏掉敏感生态因子;范围过大,不仅增加工作量,还可能忽略了和工程直接相关的生态因子,弱化生态影响强度,导致评价结果不够准确。

生态评价范围划定的合理与否,应依据生态导则的原则要求,结合行业类导则,考虑项目区生态系统特点、生态过程、主要生态问题、生态敏感目标、项目特点、影响方式等,利用生态学的专业知识分析确定,可采用刚性与弹性相接合的方法来确定。

3.3.3 生态影响判定依据

（1）国家、行业和地方已颁布的资源环境保护等相关法规、政策、标准、规划和区划等确定的目标、措施与要求。科学研究判定的生态效应或评价项目实际的生态监测、模拟结果。

（2）评价项目所在地区及相似区域生态背景值或本底值。已有性质、规模以及区域生态敏感性相似项目的实际生态影响类比。相关领域专家、管理部门及公众的咨询意见。

3.4 生态环境影响识别

3.4.1 敏感保护目标识别

环境影响评价中,保护那些对人类长远的生存与发展具有重大意义的环境事物(即敏感保护目标),是评价中最应关注的问题。一般敏感保护目标是根据下述指标判别的:

（1）具有生态学意义的保护目标。主要有:具有代表性的生态系统,如湿地、海涂、红树林、珊瑚礁、原始森林、天然林、热带雨林、荒野地等生物多样较高的和具有区域代表性的生态系统。

重要保护生物及其生境,包括列入国家级和省级一、二级保护名录的动植物及其生境;列入红皮书的珍稀濒危动植物及其生境,地方特有的和土著的动植物及其生境,以及具有重要经济价值和社会价值的动植物及其生境。

重要渔场及鱼类产卵场、索饵场,越冬地及回游通道等;自然保护区、自然保护地、种质资源保护地等。

(2)具有美学意义的保护目标。主要有:风景名胜区、森林公园及旅游度假区;具有特色的自然景观、人文景观、古树名木、风景林、风景石等。

(3)具有科学文化意义的保护目标。如:具有科学文化价值的地质构造、著名溶洞和化石分布(冰川、火山和温泉)等自然遗迹,贝壳堤等罕见自然事物;具有地理和社会意义的地貌地物,如分水岭、省、市界等地理标志物。

(4)具有经济价值的保护目标。如:水资源和水源涵养区;耕地和基本农田保护区;水产资源、养殖场以及其他具有经济学意义的自然资源。

(5)重要生态功能区和具有社会安全意义的保护目标。主要有:重要生态功能区,如江河源头区、洪水蓄泄区,水源涵养、防风固沙保护区、水土保持重点区、重要渔业水域等;

灾害易发区,如崩塌、滑坡、泥石流区(地质灾害易发区)高山、峡谷陡坡区等。

(6)生态脆弱区。主要包括:处于剧烈退化中的生态系统,都可能演化为灾害易发区,应作为一类重要的敏感目标对待,如沙尘暴源区、严重和剧烈沙漠化区,强烈和剧烈水土流失区和石漠化地区;处于交界地带的区域,如水陆交界之海岸、河岸、湖岸、岸区,处于山地平原交界处之山麓地带等;处于过渡的区域,如农牧交错带、绿洲外围带等。

生态脆弱区具有容易破坏又不容易恢复的特点,因而应作为环评中的特别关注的保护目标。

(7)人类建立的各种具有生态环境保护意义的对象。如植物园、动物园、珍稀濒危生物保护繁殖基地、种子基地、森林公园、城市公园与绿地、生态示范区、天然林保护区等。

(8)环境质量急剧退化或环境质量已达不到环境功能区划要求的地域、水域。

(9)人类社会特别关注的保护对象。如学校(关注青少年)、医院(关注体弱有病的脆弱人群)、科研文教区以及集中居民区等。

生态影响的敏感程度确定:根据生态敏感性程度,结合《建设项目环境影响评价分类管理目录》中的环境敏感区,定义了特殊生态敏感区、重要生态敏感区和一般区域等三类区域。

特殊生态敏感区(Special Ecological Sensitive Region):指具有极重要的生态服务功能,生态系统极为脆弱或已有较为严重的生态问题,如遭到占用、损失或破坏后所造成的生态影响后果严重且难以预防、生态功能难以恢复和替代的区域,包括自然保护区、世界文化和自然遗产地等。

重要生态敏感区(Important Ecological Sensitive Region):具有相对重要的生态服务功能或生态系统较为脆弱,如遭到占用、损失或破坏后所造成的生态影响后果较严重,但可以通过一定措施加以预防、恢复和替代的区域,包括风景名胜区、森林公园、地质公园、重要湿地、原始天然林、珍稀濒危野生动植物天然集中分布区、重要水生生物的自然产卵场及索饵场、越冬场和洄游通道、天然渔场等。

一般区域(Ordinary Region):除特殊生态敏感区和重要生态敏感区以外的其他区域。

3.4.2　生态环境影响识别的内容

生态环境影响识别的目的是明确主要影响因素,主要受影响的生态系统和生态因子,从而筛选出评价工作的重点内容。包括影响因素识别、影响对象识别、对影响作用产生的生态效应进行识别。

1. 影响因素识别（对作用主体（开发建设活动）的识别）

- 作用主体：应包括主要工程、辅助工程、公用工程和配套设施等。
- 时间序列：设计期、施工期、运营期及服务期满。
- 空间结构：集中开发建设地、分散的影响点、永久占地及临时占地。
- 发生方式：直接作用、间接作用。

2. 影响对象识别（对作用受体的识别）

- 对生态系统组成要素的影响；
- 对区域主要生态问题的影响；
- 对区域敏感生态环境保护目标的影响；
- 对地方要求的特别生态保护目标的影响。

3. 对影响作用产生的生态效应进行识别（主要包括影响性质和影响程度）

影响性质：分析是正影响还是负影响；是可逆影响还是不可逆影响；可否恢复和补偿，有无替代；长期影响还是短期影响；累积影响还是非累积影响。

从三方面判定：系统是否毁灭或生态环境是否严重恶化？系统是否可正向演替或自然恢复？生物多样性是否减少？

影响程度：范围大小、持续时间、剧烈程度、是否影响到生态系统主要组成因素等。

第4章 生态环境现状调查与评价

4.1 生态环境现状调查

4.1.1 生态现状调查的总体要求

据《环境影响评价技术导则生态影响》HJ 19—2011,生态现状调查是生态现状评价以及影响预测的基础和依据,调查的内容和指标应该能够反映评价工作范围内的生态背景特征和现存的主要生态问题。在有敏感生态保护目标(包括特殊生态敏感区和重要生态敏感区)或其他特别保护要求对象时,应做专题调查。

(1)一级评价应给出采样地样方实测、遥感等方法测定的生物量、物种多样性等数据,给出主要生物物种名录、受保护的野生动植物物种等调查资料;

(2)二级评价的生物量和物种多样性调查可依据已有资料推断,或实测一定数量的、具有代表性的样本予以验证;

(3)三级评价可充分借鉴已有资料进行说明。

二级以上项目的生态现状评价要在生态制图的基础上进行;三级项目的生态现状评价必须配有土地利用现状图等基本图件。

4.1.2 生态现状调查方法

1.资料收集法

生态收集法即收集现有的能反映生态现状或生态背景的资料。分类:表现形式分为文字资料和图形资料;时间可分为历史资料和现状资料;行业类别可分为农、林、牧、渔和环境保护部门;资料性质可分为环境影响报告书、有关污染源调查、生态保护规划、规定、生态功能区划、生态敏感目标的基本情况以及其他生态调查材料等。使用资料收集法时,应保证资料的现时性,引用资料必须建立在现场校验的基础上。

2.现场勘查法

现场勘查应遵循整体与重点相结合的原则,在综合考虑主导生态因子结构与功能的完整性的同时,突出重点区域和关键时段的调查,并通过对影响区域的实际踏勘,核实收集资料的准确性,以获取实际资料和数据。

3.专家和公众咨询法

专家和公众咨询法是对现场勘查的有益补充。通过咨询有关专家,收集评价工作范围内的公众、社会团体和相关管理部门对项目影响的意见,发现现场踏勘中遗漏的生态问题。专家和公众咨询应与资料收集和现场勘查同步开展。

4. 生态监测法

当资料收集、现场勘查、专家和公众咨询提供的数据无法满足评价的定量需要,或项目可能产生潜在的或长期累积效应时,可考虑选用生态监测法。生态监测应根据监测因子的生态学特点和干扰活动的特点确定监测位置和频次,有代表性地布点。生态监测方法与技术要求须符合国家现行的有关生态监测规范和监测标准分析方法;对于生态系统生产力的调查,必要时需现场采样、实验室测定。

5. 遥感调查法

当涉及区域范围较大或主导生态因子的空间等级尺度较大,通过人力踏勘较为困难或难以完成评价时,可采用遥感调查法。遥感调查过程中必须辅助必要的现场勘查工作。

生态现状调查应在收集资料基础上开展现场工作,生态现状调查的范围应不小于评价工作的范围。

4.2　生态现状调查内容

4.2.1　自然环境状况调查

1. 自然环境基本特征调查

(1)气象气候因素:气温、降水与蒸发、风况、霜雪等,注意极端气象的调查;

(2)地理特征及地质构造因素:行政区域、地形地貌、坡向坡度、海拔、经度、纬度等;

(3)水文地质与地下水:地下水储量、可开采量、补排关系等;

(4)自然资源状况:水资源、土地资源、动植物资源等;

(5)人类开发历史、开发方式和强度;

(6)自然灾害及其对生境的干扰破坏情况;

(7)区域生态环境演变的基本特征;

(8)环境质量现状:大气环境质量、水环境质量、声环境质量等(执行环境影响评价技术导则以及大气环境部分、地面水环境部分和声环境部分给定的方法和标准)。

2. 生态背景调查

根据生态影响的空间和时间尺度特点,调查影响区域内涉及的生态系统类型、结构、功能和过程,以及相关的非生物因子特征(如气候、土壤、地形地貌、水文及水文地质等),重点调查受保护的珍稀濒危物种、关键种、土著种、建群种和特有种,天然的重要经济物种等。

如:涉及国家级和省级保护物种、珍稀濒危物种和地方特有物种时,应逐个或逐类说明其类型、分布、保护级别、保护状况等;如涉及特殊生态敏感区和重要生态敏感区时,应逐个说明其类型、等级、分布、保护对象、功能区划、保护要求等。

3. 主要生态问题调查

调查影响区域内已经存在的制约本区域可持续发展的主要生态问题,如水土流失、沙漠化、石漠化、盐渍化、自然灾害、生物入侵和污染危害等,指出其类型、成因、空间分布、发生特点等。

4. 敏感生态问题的调查

敏感生态问题的调查仅就生态脆弱区(沙漠化问题)和生物多样性(生态敏感区)作简要说

明。包括:①荒漠化;②生物多样性调查;分为植物物种多样性调查和动物多样性调查,植物物种多样性调查一般只限于维管植物,采用单位面积(hm²)内维管植物种数。③项目拟建区关键敏感种的调查。

5. 图件收集和编制

图件收集和编制包括地形图、基础图件、推荐图件和卫星图片等。调查中要注意已有图件的收集,根据工作级别不同,对图件的要求也不同(详见表 4-1),但主要收集下述图件和编制图件的资料图片:地形图、基础图件、推荐图件、卫星图片等。

表 4-1　生态影响评价的基本图件构成要求

序号	图名	一级评价	二级评价	三级评价
①	项目区域地理位置图	√	√	√
②	工程平面图	√	√	√
③	土地利用现状图	√	√	√
④	地表水系图	√	√	
⑤	植被类型图	√		
⑥	特殊生态敏感区和重要生态敏感区空间分布图	√	√	
⑦	主要评价因子的评价成果和预测图	√	√	
⑧	生态监测布点图	√		
⑨	典型生态保护措施平面布置示意图	√	√	√

4.2.2　社会经济状况调查

1. 社会结构情况调查

社会结构情况调查主要包括人口密度、人均资源量、人口年龄构成、人口发展状况,以及生活水平的历史和现状,科技和文化水平的历史和现状,评价区域生产的主要方式等。

2. 经济结构与经济增长方式

经济结构与经济增长方式主要包括产业构成的历史、现状及发展,自然资源的利用方式和强度。

3. 移民问题的调查

移民问题的调查主要包括迁移规模、迁移方式、预计的产业情况,住区情况调查以及潜在的生态问题和敏感因素的分析。

4. 自然资源量的调查

自然资源量的调查包括农业资源、气候资源、海洋资源、植被资源、矿产资源、土地资源等的储藏情况和开发利用情况。

4.2.3　生态完整性调查

(1)生产能力估测:参考权威著作提供的数据;区域蒸散模式;生物量实测(皆伐实测法、平均木法、随机抽样法)。

(2)稳定状态的调查:恢复稳定性、阻抗稳定性的调查。

①恢复(或回弹)是系统被改变后返回原来状态的能力,用返回所需要的时间来衡量。

②生态系统由具备不同稳定性和不稳定性的元素构成。有三种基本的稳定元素类型：最稳定元素（封闭系统）、低压稳定性元素（开放系统）和高压稳定性元素（开放系统）。

（3）生物量实测采用样地调查收割法：包括皆伐实测法，平均木法，随机抽样法。

①样地选择以花费最少劳动力和获得最大精确度为原则。样地面积：森林选用 1000m²，疏林及灌木林选用 500m²，草本群落或森林的草本层选用 100m²。

②草地生产力的测定多采用样地调查收割法，主要内容包括：地上部分生产量，地下部分生产量，枯死凋落量，被动物采食量。

进行生态完整性调查时，可以制作一张生态样方调查表，如表 4 - 2。

表 4 - 2 生态样方调查样表

样方名称						
地点		样方大小			日期	
群落名称		盖度		多度	地理坐标	北纬
地貌类型		海拔		坡向		东经
生境条件						
序号	植物名称	科、属	其他特征	高度	株数	照片编号
备注						

4.3 生态现状评价

4.3.1 评价要求

在区域生态基本特征现状调查的基础上，应对评价区的生态现状进行定量或定性的分析评价，评价应采用文字和图件相结合的形式。

1. 生态环境现状评价的一般要求

（1）阐明生态系统的类型、基本结构和特点。

（2）评价区内占优势的生态系统及其环境功能或生态功能规划。

（3）阐明域内自然资源赋存和优势资源及其利用状况。

（4）阐明域内不同生态系统间的相关关系及连通情况，各生态因子间的相互关系。

（5）明确区域生态系统主要约束条件以及所研究的生态系统的特殊性。

（6）明确主要的或敏感的保护目标。

2. 物种评价

（1）确定评价依据或指标。有较大保护价值的野生生物。包括：

• 已经知道具有经济价值的物种；

• 对于研究人类和行为学有意义的物种；

- 有助于进行科学研究的物种；
- 能给人某种美的享受的物种；
- 有利于研究种群生态学的物种；
- 已经广泛研究并有文件规定属于保护对象的物种；
- 某些正在把自己从原来的生存范围内向其他类型栖息地延伸、扩展的物种。

（2）保护价值评价与优先排序。评价方法如下：

- 用"危险序数"来表达物种的保护价值；
- 根据物种存在的相对频率推定物种的保护价值；
- 用货币单位评价动、植物物种或生物群落的价值。

3. 群落评价

目的：确定需要特别保护的种群及其生境。

方法：一般采用定性描述的方法，对个别珍稀而有经济价值的物种进行重点评价。

4. 主要生态环境问题的形成及演变过程，评价内容应包括：

土壤侵蚀、沙漠化、盐渍化、石漠化、水资源和水环境、植被与森林资源、生物多样性、大气环境状况和酸雨问题、滩涂与海岸带、与生态环境保护有关的自然灾害（如泥石流、沙尘暴、洪水等），以及其他环境问题，如土壤污染、河口污染、赤潮、农业面源污染和非工业点源污染等。

5. 栖息地评价

栖息地定量的经典方法是栖息地适宜度指数法（Habitat Suitability Index，HSI）。栖息地适宜度指数用来定量生物对栖息地偏好与栖息地生境因子之间的关系，该方法由美国鱼类及野生动物署在栖息地评估程序（HEP）中率先提出，并广泛应用[158]。栖息地适宜度曲线是物理栖息地特征与物种在该条件下生存质量的定量描述。该法被全球多达 90% 的鱼类栖息地模型所采用，其中应用最广泛的 PHABSIM 模型就采用了此种方法。

栖息地适宜度指数有三种格式：二元格式（Binary Format），单变量格式（Univariate Format），多变量格式（Multivariate Format）[159]。栖息地主要评价方法如表 4-3 所示。

表 4-3　栖息地评价方法

评价方法	方法简介
分类法	①第一类为野生生物物种的最主要的栖息地 ②第二类为对野生生物有中等意义的栖息地 ③第三类为对野生生物意义不大的栖息地
相对生态评价图法	①将研究区分为若干个基本的生态带 ②按三个概念评价各个生态带的价值 ③生态带价值评价 ④绘图
生态价值评价图法	①将研究区分为若干个土地系统 ②记录各类栖息地在各土地系统中的分布 ③对各类栖息地分别确定参数 ④计算每个网格生态价值指数 IEV ⑤将 IEV 归一化到 0～20 范围，用归一化值绘图

评价方法	方法简介
扩展的生态价值评价法	①按 11 个特征标准给每个栖息地的保护价值打分 ②计算各个栖息地的保护价值 ③将栖息地分级

6. 生态系统质量评价

生态系统质量 EQ 计算式：

$$EQ = \sum_{i=0}^{n} \frac{Ai}{N} \tag{4-1}$$

式中 EQ——生态系统质量；

      Ai——第 i 个生态特征的赋值；

      N——参与评价的特征数。

7. 生态完整性的评价

生态完整性评价指标如下：①植被连续性；②生态系统组成完整性；③生态系统空间结构完整性；④生物多样性；⑤生物量和生产力水平。

4.3.2 生态现状评价内容

根据《环境影响评价技术导则 生态影响》HJ 19—2011，主要有两个方面：

(1)在阐明生态系统现状的基础上，分析影响区域内生态系统状况的主要原因。评价生态系统的结构与功能状况(如水源涵养、防风固沙、生物多样性保护等主导生态功能)、生态系统面临的压力和存在的问题、生态系统的总体变化趋势等。

(2)分析和评价受影响区域内动、植物等生态因子的现状组成、分布；当评价区域涉及受保护的敏感物种时，应重点分析该敏感物种的生态学特征；当评价区域涉及特殊生态敏感区或重要生态敏感区时，应分析其生态现状、保护现状和存在的问题等。

第5章　生态影响预测与评价

5.1　生态影响预测与评价的内容

生态影响预测与评价就是对项目产生的某种生态环境的影响是否显著、严重以及可否为社会和生态接受所进行的判读。

5.1.1　生态影响预测与评价的目的

(1)评价影响的性质和影响程度、影响的显著性,以决定行止。

(2)评价生态影响的敏感性和主要受影响的保护目标,以决定保护的优先性。

(3)评价资源和社会价值的得失,以决定取舍。

5.1.2　生态影响预测与评价的指标

对科学预测的生态环境影响进行评价时,可采用下述指标和基准。

(1)生态学评估指标与基准:这是从生态学角度判断所发生的影响可否为生态所接受。在生态学评估中,避免物种濒危和灭绝是一条基本原则。

(2)可持续发展评估指标和基准:这是从可持续发展战略来判断所发生的影响是否为战略所接受,或是否影响区域或流域的可持续发展。在可持续发展战略中,谋求经济与社会、环境、生态的协调,谋求社会公平,谋求长期稳定和代际间的利益平衡等,都是基本原则。

(3)以政策与战略作为评估指标与基准:当代中国的发展战略与政策,可作为基本评估指标与基准。

(4)以环境保护法规和资源保护法规作为评估基准:依据法律和规划进行评估,主要需注意法定的保护目标和保护级别,注意法规禁止的行为和活动、法律规定的重要界限等。

(5)以经济价值损益和得失作为评估指标和标准:经济学评估不仅评估价值大小与得失,还有经济重要度评价问题。

(6)社会文化评估基准:以社会文化价值和公众可接受程度为基本依据。

5.1.3　生态影响预测与评价的基本技术要求

(1)持生态整体性观念,切忌割裂整体性作"点"或"片段"分析;

(2)持生态系统为开放性系统观念,切忌把自然保护区当作封闭系统分析影响;

(3)持生态系统为地域差异性系统观,切忌以一般的普遍规律推断特殊地域的特殊性;

(4)持生态系统为动态变化的系统观,切忌用一成不变的观念和过时的资料为依据作主观推断;

（5）做好细致的工程分析，要做到把全部工程活动都纳入分析；

（6）做好敏感保护目标的影响分析，要做到对敏感保护目标逐一进行分析；

（7）正确处理依法评价影响和科学评价影响两者间的问题。建设项目环境影响评价主要解决两类问题，一是贯彻环保法律法规，二是科学预测实际影响。有时，项目能够满足法律法规但是不一定实际影响可以接受；

（8）正确处理一般评价和生态环境影响特殊性问题。

①一般评价重视直接影响而忽视甚至否认间接影响，重视显著性影响而忽视潜在影响，重视局地影响而忽视区域性影响，重视单因子影响而忽视综合性影响。

②生态影响分析应充分重视间接、潜在、区域性的和综合性的影响。

5.1.4 生态影响预测的内容

根据《环境影响评价技术导则 生态影响》HJ 19—2011，生态影响预测与评价内容应与现状评价内容相对应，依据区域生态保护的需要和受影响生态系统的主导生态功能选择评价预测指标。

（1）评价工作范围内涉及的生态系统及其主要生态因子的影响评价。通过分析影响作用的方式、范围、强度和持续时间来判别生态系统受影响的范围、强度和持续时间，预测生态系统组成和服务功能的变化趋势，重点关注其中的不利影响、不可逆影响和累积生态影响。

（2）敏感生态保护目标的影响评价应在明确保护目标的性质、特点、法律地位和保护要求的情况下，分析评价项目的影响途径、影响方式和影响程度，预测潜在的后果。

（3）预测评价项目对区域现存主要生态问题的影响趋势。

生态影响预测工作的主要内容如下。

（1）自然资源开发项目对区域生态环境（主要包括对土地、植被、水文和珍稀濒危动、植物物种等生态因子）影响的预测：

①是否带来某些新的生态变化；

②是否使某些生态影响严重化；

③是否使生态问题发生时间与空间上的变更；

④是否使某些原来存在的生态问题向有利的方向发展。

（2）三级项目要对关键评价因子（如对绿地、珍稀濒危物种、荒漠等）进行预测；二级项目要对所有重要评价因子均进行单项预测；一级项目除进行单项预测外，还要对区域性全方位的影响进行预测。

（3）为便于分析和采取对策，要将生态影响划分为：有利影响和不利影响，可逆影响与不可逆影响，近期影响与长期影响，一次影响与累积影响，明显影响与潜在影响，局部影响与区域影响。

（4）要根据不同因子受开发建设影响在时间和空间上的表现和累积情况进行预测评估。从时间分布上可以表现为年内（月份）和年际（准备期、施工期、运转期）变化两个方面。从空间分布上可以划分为宏观（开发区域及其周边地区）和微观（影响因子分布）两个部分。

（5）自然资源开发建设项目的生态影响预测要进行经济损益分析。

5.2 生态环境影响评价中的公众参与

《环境保护公众参与办法》已于 2015 年 7 月 2 日由环境保护部部务会议通过,自 2015 年 9 月 1 日起施行。

第一条 为保障公民、法人和其他组织获取环境信息、参与和监督环境保护的权利,畅通参与渠道,促进环境保护公众参与依法有序发展,根据《环境保护法》及有关法律法规,制定本办法。

第四条 环境保护主管部门可以通过征求意见、问卷调查,组织召开座谈会、专家论证会、听证会等方式征求公民、法人和其他组织对环境保护相关事项或者活动的意见和建议。

公民、法人和其他组织可以通过电话、信函、传真、网络等方式向环境保护主管部门提出意见和建议。

第五条 环境保护主管部门向公民、法人和其他组织征求意见时,应当公布以下信息:

(一)相关事项或者活动的背景资料;

(二)征求意见的起止时间;

(三)公众提交意见和建议的方式;

(四)联系部门和联系方式。

公民、法人和其他组织应当在征求意见的时限内提交书面意见和建议。

第六条 环境保护主管部门拟组织问卷调查征求意见的,应当对相关事项的基本情况进行说明。调查问卷所设问题应当简单明确、通俗易懂。调查的人数及其范围应当综合考虑相关事项或者活动的环境影响范围和程度、社会关注程度、组织公众参与所需要的人力和物力资源等因素。

生态环境影响评价过程中必须征求受拟建项目影响的公众或社会团体对项目影响的意见,并探讨相应的解决办法和措施。

环境影响评价中的公众参与是指项目施工方或工作的环评公司与公众之间的双向交流,施工方向公众提供充分准确的信息,使公众充分意识到建设项目对环境的影响,在有充分知情权的基础上准确地表达自身真实意愿,得到公众对项目建设的意见及建议。其目的是使项目能够被公众充分认可,避免对公众利益构成危害或威胁,以取得经济效益、社会效益和环境效益三者的协调统一。

公众参与是一种双向交流,包括信息传播和反馈两个过程:环境保护公众参与应当遵循依法、有序、自愿、便利的原则。多数决策会从公众参与活动中受益,开展公众参与越早,最终达成一致意见的可能性越大。

5.3 生态影响评价图件规范与要求

根据根据《环境影响评价技术导则 生态影响》HJ 19—2011 附录 B,生态影响评价图件是指以图形、图像的形式对生态影响评价有关空间内容的描述、表达或定量分析。生态影响评价图件是生态影响评价报告的必要组成内容;是评价的主要依据和成果的重要表示形式;是指导生态保护措施设计的重要依据。

5.3.1 图件构成

根据评价项目自身特点、评价工作等级以及区域生态敏感性不同,生态影响评价图件由基本图件和推荐图件构成,如表5-1所示。

表 5-1 生态影响评价图件构成要求

评价工作等级	基础图件	推荐图件
一级	①项目区域地理位置图 ②工程平面图 ③土地利用现状图 ④地表水系图 ⑤植被类型图 ⑥特殊生态敏感区和重要生态敏感区空间分布图 ⑦主要评价因子的评价成果和预测图 ⑧生态监测布点图 ⑨典型生态保护措施平面布置示意图	(1)当评价工作范围内涉及山岭重丘时,可提供地形地貌图、土壤类型图和土壤侵蚀分布图 (2)当评价工作范围内涉及河流、湖泊等地表水时,可提供水环境功能区划图;当涉及地下水时,可提供水文地质图件等 (3)当评价工作范围涉及海洋和海岸带时,可提供海域岸线图、海洋功能区划图,根据评价需要选做海洋渔业资源分布图、主要经济鱼类产卵场分布图、滩涂分布现状图 (4)当评价工作范围内已有土地利用规划时,可提供已有土地利用规划图和生态功能分区图 (5)当评价工作范围内涉及地表塌陷时,可提供塌陷等值线图 (6)此外,可根据评价工作范围内涉及的不同生态系统类型,选作动植物资源分布图、珍稀濒危物种分布图、基基本农田分布图、绿化布置图、荒漠化土地分布图等
二级	①项目区域地理位置图 ②工程平面图 ③土地利用现状图 ④地表水系图 ⑤特殊生态敏感区和重要生态敏感区空间分布图 ⑥主要评价因子的评价成果和预测图 ⑦典型生态保护措施平面布置示意图	(1)当评价工作范围内涉及山岭重丘区时,可提供地形地貌图和土壤侵蚀分布图 (2)当评价工作范围内涉及河流、湖泊等地表水时,可提供水环境功能区划图当涉及地下水时,可提供水文地质图件 (3)当评价工作范围内涉及海域时,可提供海域岸线图和海洋功能区划图 (4)当评价工作范围内已有土地利用规划时,可提供已有土地利用规划图和生态功能分区图 (5)评价工作范围内,陆域可根据评价需要选做植被类型图或绿化布置图
三级	①项目区域地理位置图 ②工程平面图 ③土地利用现状图 ④典型生态保护措施平面布置示意图	(1)评价工作范围内,陆域可根据评价需要选做植被类型图或绿化布置图 (2)当评价工作范围内涉及山岭重丘区时,可提供地形地貌图 (3)当评价工作范围内涉及河流、湖泊等地表水时,可提供地表水系图 (4)当评价工作范围内涉及海域时,可提供海洋功能区划图 (5)当涉及重要生态敏感区时,可提供关键评价因子的评价成果图

基础图件:是指根据生态影响评价工作等级不同,各级生态影响评价工作需提供的必要图件。

(1)当评价项目涉及特殊生态敏感区域和重要生态敏感区时必须提供能反映生态敏感特征的专题图,如保护物种空间分布图;

(2)当开展生态监测工作时必需提供相应的生态监测点位图。

推荐图件:推荐图件是在现有技术条件下可以图形图像形式表达的、有助于阐明生态影响评价结果的选作图件。包括土地利用现状图、植被图、土壤侵蚀图等。

地形图:(评价区及其界外区的地形图一般为 1/10 000~1/500 000)在该地形图上应标有地表状况,尤其是绿地(含水体)的分布状况,拟建工程厂区、城镇分布,主要厂矿及大型建构筑物分布等,并划明评价区及界外区范围。

卫星图片:当已有图件不能满足评价要求时,一级项目的评价可应用卫片解译编图以及地面勘察、勘测、采样分析等予以补充。卫星图片要放印到与地形图匹配的比例,并进行图形图像处理,突出评价内容,如植被、水文、动物种群等等。

根据评价因子的需要编制正规生态基础图件,包括动植物资源分布图、自然灾害程度和分布图、生境质量现状图等。

上述调查内容和编绘的图件目录要在大纲中列出,并报主管部门审批。在大纲中要给出项目位置图、工程平面布设图。大纲经主管部门审批后,评价单位要严格执行批复。

5.3.2　图件制作规范与要求

1.数据来源与要求

(1)生态影响评价图件制作基础数据来源包括:已有图件资料、采样、实验、地面勘测和遥感信息等。

(2)图件基础数据来源应满足生态影响评价的时效要求,选择与评价基准时段相匹配的数据源。当图件主题内容无显著变化时,制图数据源的时效要求可在无显著变化期内适当放宽,但必须经过现场勘验校核。

2.制图与成图精度要求

生态影响评价制图的工作精度一般不低于工程可行性研究制图精度,成图精度应满足生态影响判别和生态保护措施的实施。

生态影响评价成图应能准确、清晰地反映评价主题内容,成图比例不应低于表 5-2 中的规范要求,项目区域地理位置图除外。当成图范围过大时,可采用点线面相结合的方式。分幅成图当涉及敏感生态保护目标时,应分幅单独成图,以提高成图精度。

表 5-2　生态影响评价图件成图比例规范要求

成图范围		成图比例尺		
		一级评价	二级评价	三级评价
面积	≥100km²	≥1:10 万	≥1:10 万	≥1:25 万
	20～100km²	≥1:5 万	≥1:5 万	≥1:10 万
	2-≤20 km²	≥1:1 万	≥1:1 万	≥1:2.5 万
	≤2 km²	≥1:5000 万	≥1:5000 万	≥1:1 万
长度	≥100km	≥1:25 万	≥1:25 万	≥1:25 万
	50～100 km	≥1:10 万	≥1:10 万	≥1:25 万
	10～50 km	≥1:5 万	≥1:10 万	≥1:10 万
	≤10 km	≥1:1 万	≥1:1 万	≥1:5 万

5.4　生态影响的防护、恢复与补偿原则

应按照避让、减缓、补偿和重建的次序提出生态影响防护与恢复的措施,所采取措施的效果应有利修复和增强区域生态功能。

凡涉及不可替代、极具价值、极敏感、被破坏后很难恢复的敏感生态保护目标,如特殊生态敏感区、珍稀濒危物种时,必须提出可靠的避让措施或生境替代方案。

涉及采取措施后可恢复或修复的生态目标时,也应尽可能提出避让措施,否则应制定恢复、修复和补偿措施。各项生态保护措施应按项目实施阶段分别提出,并提出实施时限和估算经费。

5.4.1　替代方案

(1)替代方案主要指项目中的选线、选址替代方案,项目的组成和内容替代方案,工艺和生产技术的替代方案,施工和运营方案的替代方案、生态保护措施的替代方案。

(2)评价应对替代方案进行生态可行性论证,优先选择生态影响最小的替代方案,最终选定的方案至少应该是生态保护可行的方案。

5.4.2　生态保护措施

(1)生态保护措施应包括保护对象和目标,内容、规模及工艺,实施空间和时序,保障措施和预期效果分析,绘制生态保护措施平面布置示意图和典型措施设施工艺图。估算或概算环境保护投资。

(2)对可能具有重大、敏感生态影响的建设项目区域、流域开发项目,应提出长期的生态监测计划、科技支撑方案,明确监测因子、方法、频次等。

(3)明确施工期和运营期管理原则与技术要求。可提出环境保护工程分标与招投标原则施工期工程环境监理,环境保护阶段验收和总体验收、环境影响后评价等环保管理技术方案。

第6章 生态影响评价和预测的方法

生态影响预测与评价方法应根据评价对象的生态学特性,在调查、判定该区主要的、辅助的生态功能以及完成功能必须的生态过程的基础上,分别采用定量分析与定性分析相结合的方法进行预测与评价。

《环境影响评价技术导则 生态影响》HJ 19—2011 附录 C 给出了 8 种常用的方法:①列表清单法;②图形叠置法;③生态机理分析;④景观生态学法;⑤指数法与综合指数法;⑥类比分析法;⑦系统分析法;⑧生物多样性评价方法等。实际工作中也可以辅以数学模拟:如水土流失、土壤侵蚀预测、富营养化等预测方法。

6.1 常用分析方法

6.1.1 列表清单法

列表清单法是 Little 等人于 1971 年提出的一种定性分析方法[160]。该方法的特点是简单明了,针对性强。

1. 方法

列表清单法的基本做法是:将拟实施的开发建设活动的影响因素与可能受影响的环境因子分别列在同一张表格的行与列内。逐点进行分析,并逐条阐明影响的性质、强度等。由此分析开发建设活动的生态影响。

2. 应用

(1)进行开发建设活动对生态因子的影响分析;

(2)进行生态保护措施的筛选;

(3)进行物种或栖息地重要性或优先度比选。

6.1.2 图形叠置法

美国著名生态规划师 Mcharg 提出了一种进行环境分析的通用方法即图形叠置法[161]。图形叠置法是把两个以上的生态信息叠合到一张图上,构成复合图,用以表示生态变化的方向和程度。本方法的特点是直观、形象、简单、明了。图形叠置法有两种基本制作手段:指标法和3S叠图法。

1. 指标法

(1)确定评价区域范围;

(2)进行生态调查,收集评价工作范围与周边地区自然环境、动植物等的信息,同时收集社会经济和环境污染及环境质量信息;

（3）进行影响识别并筛选拟评价因子，其中包括识别和分析主要生态问题；

（4）研究拟评价生态系统或生态因子的地域分异特点与规律，对拟评价的生态系统、生态因子或生态问题建立表征其特性的指标体系，并通过定性分析或定量方法对指标赋值或分级，再依据指标值进行区域划分；

（5）将上述区划信息绘制在生态图上。

2. 3S 叠图法

（1）选用地形图：以正式出版的地理地图，或经过精校正的遥感影像作为工作底图（传统方法用透明纸作地图），底图范围应略大于评价工作范围；

（2）在底图上描绘主要生态因子信息，如植被覆盖、动物分布、河流水系、土地利用和特别保护目标等；

（3）进行影响识别与筛选评价因子；

（4）运用 3S 技术，分析评价因子的不同影响性质、类型和程度；

（5）对拟评价因子作影响程度透明图，并用不同颜色和色度表示影响的性质、类型和程度；

（6）将影响因子图和底图叠加得到生态影响评价图。

3. 图形叠置法特点及应用

图形叠置法将一套表示环境特征的环境图叠置起来，表示区域环境的综合特征。这种方法能反映出建设项目环境影响的范围和性质。此方法特点是直观、形象、简单明了、易于理解。如用带方格的透明纸还可以定量地估测受影响的地区的面积，现代制图软件的方便快捷，可以替代原有方法中大量手工作业，从而提高精确性，但是不易预测影响在时间上的延续。

图形叠置法除应用于生态环境影响评价之外，与计算机作图、地理信息系统等技术结合起来，可得到直观的动态变化显示，应用更加广泛。

4. 图形叠置法应用

（1）主要用于区域生态质量评价和影响评价；比如基于 GIS 的图形叠置法在铁路选线环境影响综合评价、铁路噪声环境影响评价、道路交通环境影响后评价中的运用；

（2）用于具有区域性影响的特大型建设项目评价中，如大型水利枢纽工程、新能源基地建设、矿业开发项目等[161]；

（3）用于土地利用开发和农业开发中。

6.1.3　生态机理分析法

生态机理分析法是根据建设项目的特点和受其影响的动、植物的生物学特征，依照生态学原理分析、预测工程生态影响的方法。生态机理分析法的工作步骤如下：调查环境背景现状，搜集工程组成和建设等有关资料。

（1）调查植物和动物分布，动物栖息地和迁徙路线；

（2）根据调查结果分别对植物或动物种群、群落和生态系统进行分析，描述其分布特点、结构特征和演化等级；

（3）识别有无珍稀濒危物种及重要经济、历史、景观和科研价值的物种；

（4）监测项目建成后该地区动物、植物生长环境的变化；

（5）根据项目建成后的环境，水、气、土和生命组分变化，对照无开发项目条件下动物、植物或生态系统演替趋势，预测项目对动物和植物个体、种群和群落的影响，并预测生态系统演替方向。

评价过程中有时要根据实际情况进行相应的生物模拟试验,如环境条件、生物习性模拟试验、生物毒理学试验、实地种植或放养试验等。或进行数学模拟,如种群增长模型的应用。

该方法需与生物学、地理学、水文学、数学及其他多学科合作评价,才能得出较为客观的结果。

6.1.4 景观生态学法

1. 景观生态学法评价方法

景观生态学法是通过研究某一区域、一定时段内的生态系统类群的格局、特点、综合资源状况等自然规律,以及人为干预下的演替趋势,揭示人类活动在改变生物与环境方面作用的方法。景观生态学对生态质量状况的评判是通过两个方面进行的,一是空间结构分析;二是功能与稳定性分析。景观生态学认为,景观的结构与功能是相当匹配的,且增加景观异质性和共生性也是生态学和社会学整体论的基本原则。

空间结构分析基于景观是高于生态系统的自然系统,是一个清晰的和可度量的单位。景观由斑块、基质和廊道组成,其中基质是景观的背景地块,是景观中一种可以控制环境质量的组分。因此,基质的判定是空间结构分析的重要内容。判定基质有三个标准:即相对面积大、连通程度高、有动态控制功能。基质的判定多借用传统生态学中计算植被重要值的方法。

决定某一斑块类型在景观中的优势,也称优势度值(Do)。优势度值由密度(Rd)、频率(Rf)和景观比例(Lp)三个参数计算得出。其数学表达式如下:

$Rd=(斑块\ i\ 的数目/斑块总数)\times100\%$

$Rf=(斑块\ i\ 出现的样方数/总样方数)\times100\%$

$Lp=(斑块\ i\ 的面积/样地总面积)\times100\%$

$Do=0.5\times[0.5\times(Rd+Rf)+Lp]\times100\%$

上述分析同时反映自然组分在区域生态系统中的数量和分布,因此能较准确地表示生态系统的整体性。

景观的功能和稳定性分析包括如下四方面内容:,

(1)生物恢复力分析,分析景观基本元素的再生能力或高亚稳定性元素能否占主导地位;

(2)异质性分析,基质为绿地时,由于异质化程度高的基质很容易维护它的基质地位从而达到增强景观稳定性的作用;

(3)种群源的持久性和可达性分析,分析动物和植物物种能否持久保持能量流、养分流分析物种流可否顺利地从一种景观元素迁移到另一种元素,从而增强共生性;

(4)景观组织的开放性分析,分析景观组织与周边生境的交流渠道是否畅通。开放性强的景观组织可以增强抵抗力和恢复力。景观生态学方法既可以用于生态现状评价也可以用于生境变化预测,目前是国内外生态影响评价学术领域中较先进的方法。

2. 景观生态学评价特点和应用

生态完整性评价是整个生态影响评价工作的基础,是深入进行各子项目评价的前提,其重要性在于只有通过生态完整性评价才能了解建设项目所在区域生态体系的特征及相应的生态承载力,而景观生态学评价方法最突出的特点,在于从景观的高度纵览整体,符合生态完整性的要求,是国内外生态环境影响领域较为先进的方法。生态完整性评价广泛应用于以下几方面：

　　(1)城市和区域土地利用规划与功能区划；

　　(2)区域生态环境质量现状评价和影响评价；

　　(3)建设项目生态环境影响评价；

　　(4)大型特大型建设项目环境影响评价；

　　(5)景观生态资源评价；

　　(6)预测生境变化。

6.1.5　指数法与综合指数法

　　指数法是利用同度量因素的相对值来表明因素变化状况的方法，是建设项目环境影响评价中规定的评价方法，指数法同样可将其拓展而用于生态影响评价中。指数法简明扼要且符合人们所熟悉的环境污染影响评价思路，但困难之处在于需明确建立表征生态质量的标准体系，且难以赋权和准确定量。综合指数法是从确定同度量因素出发，把不能直接对比的事物变成能够同度量的方法。

1. 单因子指数法

　　选定合适的评价标准，采集拟评价项目区的现状资料。可进行生态因子现状评价。例如，以同类型立地条件的森林植被覆盖率为标准，可评价项目建设区的植被覆盖现状情况亦可进行生态因子的预测评价，如以评价区现状植被盖度为评价标准，可评价建设项目建成后植被盖度的变化率。

2. 综合指数法

　　(1)分析研究评价的生态因子的性质及变化规律；

　　(2)建立表征各生态因子特性的指标体系；

　　(3)确定评价标准；

　　(4)建立评价函数曲线，将评价的环境因子的现状值(开发建设活动前)与预测值(开发建设活动后)转换为统一的无量纲的环境质量指标。用 1,0 表示优劣："1"表示最佳的、顶极的、原始或人类干预甚少的生态状况，"0"表示最差的、极度破坏的、几乎无生物性的生态状况，由此计算出开发建设活动前后环境因子质量的变化值；

　　(5)根据各评价因子的相对重要性赋予权重；

　　(6)将各因子的变化值综合，提出综合影响评价值。

　　即：

$$\triangle E = \sum (Eh_i - E_{qi}) \times W_i \tag{6-1}$$

式中　$\triangle E$——开发建设活动日前后生态质量变化值；

　　　　Eh_i——开发建设活动后 i 因子的质量指标；

　　　　E_{qi}——开发建设活动前 i 因子的质量指标；

　　　　W_i——i 因子的权值。

3. 指数法应用

　　(1)可用于生态因子单因子质量评价；

　　(2)可用于生态多因子综合质量评价；

　　(3)可用于生态系统功能评价。

4.说明

建立评价函数曲线须根据标准规定的指标值确定曲线的上、下限。对于空气和水这些已有明确质量标准的因子,可直接用不同级别的标准值作上、下限。对于无明确标准的生态因子,须根据评价目的、评价要求和环境特点选择相应的环境质量标准值,再确定上、下限。

6.1.6　类比分析法

类比分析法是通过既有开发工程及其已显现的环境影响后果的调查结果来近似地分析说明拟建工程可能发生的环境影响。采用类比分析是拟建工程生态环境影响预测与评价的基本方法。

1.类比分析方法技术要点

(1)选择合适的类比对象:类比对象的选择(可类比性)应从工程和生态环境两个方面考虑,并且项

目建成已达到一定年限,其影响已基本全部显现并趋于稳定。

①工程方面。选择的类比对象应与拟建项目性质相同,工程规模相差不多,其建设方式也与拟建工程相类似。

②生态环境方面。类比对象与拟建项目最好同属一个生物地理区,最好具有类似的地貌类型,最好具有相似的生态环境背景,如植被、土壤、江河环境和生态功能等。

(2)选择可重点类比调查的因子和指标:类比分析一般不会对两项工程进行全方位的比较分析,而是针对某一个或某一类问题进行类比调查分析,因而选择类比对象时还应考虑类比对象对相应类比分析问题的深入性和有效性。同时,环评中应对类比选择的条件进行必要的阐述,并对类比与拟建对象的差异进行必要的分析、说明。

类比分析法是一种比较常用的定性和半定量评价方法,一般有生态整体类比、生态因子类比和生态问题类比等。

2.类比分析的方法

根据已有的开发建设活动(项目、工程)对生态系统产生的影响来分析或预测拟进行的开发建设活动(项目、工程)可能产生的影响。选择好类比对象,类比项目,是进行类比分析或预测评价的基础,也是该法成败的关键。

类比对象的选择条件是:工程性质、工艺和规模与拟建项目基本相当,生态因子地理、地质、气候、生物因素等,相似项目建成已有一定时间,所产生的影响已基本全部显现。类比对象确定后,则需选择和确定类比因子及指标,并对类比对象开展调查与评价再分析拟建项目与类比对象的差异。根据类比对象与拟建项目的比较,做出类比分析结论。

3.类比分析的调查方法

(1)资料调查:查阅类比对象环境影响报告书和既有工程竣工环境保护验收调查与监测报告,必要时可参阅既有工程所在地区的环境科研报告和环境监测资料。

(2)实地监测或调查:按环评一般调查或监测方法,对类比对象进行调查。

(3)景观生态调查法:利用 3S 技术,对区域性生态景观进行调查、解析与分析,说明区域性生态整体性变化。

(4)公众参与调查法:通过访问公众、专家等,对某一项既有工程或生产建设活动产生的影响进行调查、分析,并同时了解公众对这种影响的态度和期望、建议等。

4. 类比调查分析

(1)统计性分析:针对某一工程或某一指标,通过调查多个类比对象,然后进行统计分析,可以对拟建工程的某一问题或某一指标进行科学的评价。

(2)单因子类比分析:针对某一问题或某一环境因子,通过对可类比对象的监测或调查分析,可取得有针对性的评价依据,从而对拟建项目某一问题中某一环境因子的影响进行科学评价。

(3)综合性类比分析:既可指生态系统整体性评价的综合性分析,也可指一项工程的整个影响的综合性分析。生态系统整体性影响评价的综合性分析,可以采用综合评价方法由一组指标进行加和评价,也可选某一因子如植被的动态作为代表进行分析评价。

(4)替代方案类比分析:从减轻生态环境影响或为克服某种重大的生态影响出发而提出替代方案,是贯彻生态环境保护"预防为主"、"保护优先"政策的重要措施。不经过类比分析论证的替代方案,常常是不充分的,往往缺乏科学性和说服力。

5. 类比分析的特点和应用

类比分析法的难点在于难以找到两个完全相似的项目,因此选择好类比对象是进行类比分析或预测评价的基础和关键。在实际的生态影响评价中,由于自然条件千差万别,单项类比或部分类比使用得更多一些。具体应用如下:

(1)进行生态影响识别和评价因子筛选;

(2)以原始生态系统作为参照,可评价目标生态系统的质量;

(3)进行生态影响的定性分析与评价;

(4)进行某一个或几个生态因子的影响评价;

(5)预测生态问题的发生与发展趋势及其危害;

(6)确定环保目标和寻求最有效、可行的生态保护措施。

6.1.7 系统分析法

系统分析法是指把要解决的问题作为一个系统,对系统要素进行综合分析,找出解决问题的可行方案的咨询方法。具体步骤包括:限定问题、确定目标、调查研究、收集数据、提出备选方案和评价标准、备选方案评估和提出最可行方案。

系统分析法因其能妥善地解决一些多目标动态性问题,目前已广泛应用于各行各业尤其在进行区域开发或解决优化方案选择问题时,系统分析法显示出其他方法所不能达到的效果。

在生态系统质量评价中使用系统分析的具体方法有专家咨询法、层次分析法、模糊综合评判法、综合排序法、系统动力学、灰色关联等方法,这些方法原则上都适用于生态影响评价。

1. 评价的方法

层次分析法(analytical hierarchy process,AHP 法)是由美国运筹学家、匹兹堡大学教授 Saaty·T·L 提出[162]。此方法能够统一处理决策中定性和定量因素,是对人们主观判断作客观描述地一种有效方法,已广泛应用于各个领域。

层次分析法的基本原理是:根据分析对象的性质和决策或评价总目标,把复杂问题中的各种影响因素通过划分相互联系的有序层次使之条理化。首先,它按照因素间的相互关联影响以及隶属关系,将各因素依不同层次聚类组合,形成一个多层次的分析结构模型;其次,根据对客观现象的主观判断,就每一个层次因素的相对重要性给予量化描述;最后,利用数学方法,确定每一层次全部因素相对重要性次序的数值。也就是说,层次分析法是在一个多层次的分析结构中,最终把系统分析归结为最低层次相对于最高层次的相对重要性数值的确定或相对优劣次序的排列问题。层次分析法在评价过程中主要用来确定评价指标的权重。

其方法如下:

(1)明确问题。即确定评价范围和评价目的、对象;进行影响识别和评价因子筛选,确定评价内容或因子;进行生态因子相关性分析,明确各因子之间的相关关系。

(2)建立层次模型。建立层次模型是层次分析法的第一步。在深入分析所要研究的问题之后,将问题中所包含的因素划分为不同的层次,包括最高层(目标层),中间层(准则层)和最低层(指标层)。将同一层次的因素作为比较和评价的对象,对下一层的某些因素起支配作用,同时它又是从属于上一层次的因素。

(3)标度。在进行多因素、多目标的生态环境评价中,既有定性因素,又有定量因素,还有很多模糊因素,各因素的重要度不同,联系程度各异。在层次分析中针对这些特点,对其重要度作如下定义:第一,以相对比较为主,并将标度分为 1,3,5,7,9 共五个,而将 2,4,6,8 作为两标度之间的中间值,见表 6-1。第二,遵循一致性原则,即当 C1 比 C2 重要、C2 比 C3 重要时,则认为 C1 比 C3 重要。

表 6-1　标度及描述

重要性标度	定性描述
1	相比较的两因素同等重要
3	一因素比另一因素稍重要
5	一因素比另一因素明显重要
7	一因素比另一因素强烈重要
9	一因素比另一因素绝对重要
2　4　6　8	两标度之间的中间值
倒数	如果 Bi 比 Bj 得 Bij,则 Bj 比 Bi 得 $Bji=1/Bij$

(4)构造判断矩阵。在每一层次上,按照上一层次的对应准则要求,对该层次的元素进行逐对比较,依照规定的标度定量化后,写成矩阵形式。此即为构造判断矩阵,是层次分析法的关键步骤。判断矩阵构造方法有两种:一是专家讨论确定,二是专家调查确定。

(5)层次排序计算和一致性检验:权重计算法在认识上的不一致,须考虑层次分析所得结果是否基本合理,因而需要对判断矩阵进行一致性检验,经过检验后得到的结果即可以认为是可行的。

最大特征根值及一致性方法如下:

通过计算 λ_{max} 和 W 使得:

$$An \times n \times W = \lambda_{max} \times W \qquad (6-2)$$

式中　$An \times n$——$n \times n$ 阶互反性判断矩阵;

　　　λ_{max}——最大特征根;

　　　W——最大特征根所对应的特征向量。

取一初值向量 $W_0 = (W_{01}, \cdots, W_{0n})$,计算:$A_{n \times n} \times W^{i-1} = W^i$ 直到收敛,停止计算,

则 $W = (W_{1i}W_2i, \cdots, W_{ni})^W$

取一初值向量 $W_0 = (W_{01}, \cdots, W_{0n})$ 计算：$A_{n \times n} \times W^{i-1} = W^i$ 直到收敛,停止计算,

则 $W = (W_{1i}W_2i, \cdots, W_{ni})^W$

$$\lambda_{max} = \sum_{i}^{j} A_{ij} \cdot Wj / Wi \ (i=1,2,\cdots,n) \tag{6-3}$$

求得的 W 便是要求的排序权重。λ_{max} 可用于矩阵的一致性判断;

$$CR = \frac{\lambda_{max} - n}{n - 1} \tag{6-4}$$

此时被认为一致性可接受。

(6)选择评价标准 通过上述 5 个步骤确定了区域生态系统综合评价的指标体系、层次结构及各层间的权重,接着应确定相应于指标体系的评价标准体系。评价标准有些可根据国家颁布的标准,如地面水环境质量标准、渔业水质标准等。

(7)评价。评价一般采用综合指数法。

(8)判别。在区域生态环境综合评价中,对生态环境质量可作如表 6-2 的综合判别。

表 6-2　生态环境质量判定依据

等级	表征状态	指标特征
Ⅰ	理想状态	生态环境基本未受干扰破坏,生态系统结构完整,功能较强,系统恢复再生能力强,生态问题不显著,生态灾害少
Ⅱ	良好状态	生态环境较少受到破坏,生态系统结构完整,功能尚好,一般干扰下可恢复,生态问题不显著,灾害不大
Ⅲ	一般状态	生态环境受到一定破坏,生态系统结构有变化,但尚可维持基本功能,若干扰后易恶化,生态问题较大,生态灾害较多
Ⅳ	较差状态	生态环境受到较大破坏,生态系统结构变化较大,功能不全,受外界干扰后恢复困难,生态问题较大,生态灾害较多
Ⅴ	恶劣状态	生态环境受到很大破坏,生态系统结构残缺不全,功能低下,退行性变化,恢复与重建很困难,生态环境问题很大并经常变成生态灾害

2. 特点及应用

系统评价法应用非常广泛,是一种实用性较强的定量评价方法。可以用于评价区域性生态环境总体质量及其变化;用于区域生态环境功能区划;用于大中型建设项目生态环境影响评价。

6.1.8　生物多样性评价方法

生物多样性评价是指通过实地调查,分析生态系统和生物种的历史变迁、现状和存在主要问题的方法,评价目的是有效保护生物多样性。生物多样性评价一般包括植被评价和物种评价,植被评价是对评价范围内的植被覆盖率、植被类型进行调查,通过植被覆盖率的高低、植被的类型是否稀有,以及项目建设前后的变化,来判断建设项目对生态环境的影响[163]。物种评价方法相同。

1. 多度(Abundance)与密度(Density)

多度是对植物群落中物种个体数目多少的一种估测指标。德鲁提(Drude)的七级制多

度。即：

$$\begin{cases} \text{Soc. (Sociales)} & \text{极多,植物地上部分郁闭} \\ \text{Cop. (Copiosae)} \begin{cases} \text{Cop3} & \text{很多} \\ \text{Cop2} & \text{多} \\ \text{Cop1} & \text{尚多} \end{cases} \\ \text{Sp. (Sparsal)} & \text{少,数量不多而分散} \\ \text{Sol. (Solitariae)} & \text{稀少,数量很少而稀疏} \\ \text{Un. (Unicum)} & \text{个别(样方内某种植物只有 1 或 2 株)} \end{cases}$$

相对密度(Relative density)是指样地内某一种植物的个体数占全部植物种个体数的百分比。某一物种的密度占群落中密度最高的物种密度的百分比被称为密度比(Density ratio)。

2. 盖度(Coverage)与重要值

盖度是指植物体地上部分的垂直投影面积占样地面积的百分比。通常,分盖度或层盖度之和大于总盖度。群落中某一物种的分盖度占所有分盖度之和的百分比,即为该物种的相对盖度。基盖度是指植物基部的覆盖面积。乔木的基盖度特称为显著度。

重要值是 J. T. Curtis 和 R. P. McIntosh(1951 年)在研究森林群落时,首次提出的。它是某个种在群落中的地位和作用的综合数量指标,因为它简单、明确,所以近年来得到普遍采用。计算公式如下：

重要值＝相对密度＋相对频度＋相对优势度(乔木群落)

重要值＝相对高度＋相对频度＋相对盖度(灌木或草地群落)

频度：是指一个种在所作的全部样方中出现的频率。相对频度指某个种在全部样方中的频度与所有种频度和之比。

相对频度＝(该种的频度/所有种的频度总和)×100%

密度(D) ＝ 某样方内某种植物的个体数/样方面积

相对密度(RD)＝(某种植物的密度/全部植物的总密度)×100%(某种植物的个体数/全部植物的个体数)×100%

显著度(优势度)：指样方内某种植物的胸高断面积除以样地面积。

相对显著度(相对优势度)＝(样方中该种个体胸断面积和/样方中全部个体胸断面积总和)×100%

3. 生物多样性指数

(1)辛普森多样性指数(Simpson's diversity index)

辛普森多样性指数是基于在一个无限大小的群落中,随机抽取两个个体,它们属于同一物种的概率是多少这样的假设而推导出来的。

假设种 i 的个体数占群落中总个体的比例为 P_i,那么,随机取种 i 两个个体的联合概率就为 P_{i2}。如果我们将群落中全部种的概率合起来,就可得到辛普森指数,即：

$$D = 1 - \sum_{i=1}^{n} Pi^2 = 1 - \sum_{i=1}^{n} (Ni/N)^2 \qquad (-5)$$

式中,S 为物种数目；N_i 为种 i 的个体数；

N 为群落中全部物种的个体数。

(2)香农-威纳指数(Shannon-Weiner index)

香农-威纳指数是用来描述种的个体出现的紊乱和不确定性。不确定性越高,多样性也就越高。其计算公式为:

$$H = -\sum P_i \log_2 P_i \qquad (6-6)$$

式中,S 为物种数目;P_i 为属于种 i 的个体在全部个体中的比例;H 为物种的多样性指数。

通常多样性测度可以分为三个范畴:α-多样性、β-多样性和 γ-多样性。

① α-多样性是在栖息地或群落中的物种多样性,其计算方法正如上面所叙述的一样。

② β-多样性是度量在地区尺度上物种组成沿着某个梯度方向从一个群落到另一个群落的变化率。它可以定义为沿着某一环境梯度,物种替代的程度或速率、物种周转率、生物变化速度等。β-多样性还反映了不同群落间物种组成的差异,不同群落或某环境梯度上不同点之间的共有种越少,β-多样性越大。

测度群落 β-多样性的重要意义在于:

• 它可以反映生境变化的程度或指示生境被物种分割的程度;

• β-多样性的高低可以用来比较不同地点的生境多样性;

• β-多样性与 α-多样性一起构成了群落或生态系统总体多样性或一定地段的生物异质性。

③ γ-多样性反映的是最广阔的地理尺度,指一个地区或许多地区内穿过一系列的群落的物种多样性。

4. 二元属性数据测度法

二元属性的数据又称为 0、1 数据,或者有、无数据。在群落调查中只考虑某个物种的存在与否,不考虑其个体数目。

Jaccard 群落相似性指数:$C_J = j/(a+b-j)$ $\qquad (6-7)$

Sorenson 群落相似性指数:$C_S = 2j/(a+b)$ $\qquad (6-8)$

式中,j 为样地 A 和样地 B 共有的物种数目;a 为样地 A 的物种数目;b 为样地 B 的物种数目。

Whittaker 提出的 β-多样性指数:$\beta_w = S/\alpha$ $\qquad (6-9)$

式中,S 为所研究系统记载的所有物种数目;α 为各个样方或样本的平均物种数。

$Cody\,\beta$-多样性指数:$\beta_c = [g(H) + I(H)]\,/\,2$ $\qquad (6-10)$

式中,$g(H)$ 是沿生境梯度 H 增加的物种数目;$I(H)$ 是沿生境梯度 H 失去的物种数目,即在上一个梯度中存在的而在下一个梯度中没有的物种数目。

Routledge 指数($\beta_R, \beta_I, \beta_E$):$\beta_R = [S^2/(2r+S)] - 1$ $\qquad (6-11)$

式中,S 为所研究系统中的物种总数;r 为分布重叠的物种对数(species pairs)。

$$\beta_I = \log(T) - [(1/T)\Sigma e_i \log(e_i)] - [(1-T) a_j \log(a_j)] \qquad (6-12)$$

式中,e_i 为第 i 种出现的样地数;a_j 为样地 j 的物种数目;$T = \Sigma e_i = \Sigma a_j$。$\beta_E = \exp(\beta_I) - 1$

$$(6-13)$$

Wilson 和 Shmida 指数 β_T:$\beta_T = [g(H) + I(H)]\,/\,2\alpha$

式中,变量的含义与 β_w 和 β_c 相同。

5. 数量数据的测度方法:

Bray-Curtis 指数 CN:$CN = 2j_N/(a_N + b_N)$ $\qquad (6-14)$

式中,a_N 为样地 A 的物种数目;b_N 为样地 B 的物种数目;j_N 为样地 $A(j_{Na})$ 和样地 $B(j_{Nb})$ 共有

种中个体数目较小者之和。即 $j_N = \Sigma min(j_{Na} + j_{Nb})$。

6. 归一化植被指数(NDVI)

归一化植被指数(NDVI)是反映地表植被特征的遥感参数。在遥感图像上,植被信息主要通过绿色植物叶子光谱特征的差异及动态变化来反映。植被指数是由多光谱数据经线性或非线性组合构成的对植被有一定指示意义的指标,通常利用植物光谱中的近红外与可见光红光两个最典型的波段值来估算植被指数[164]。

$$NDVI = (NIR - VIS)/(NIR + VIS) \qquad (6-15)$$

式中,NIR 为位于近红外波段的遥感通道所得到的反射率;VIS 为位于可见光波段的通道得到的反射率。$NDVI$ 反映了地表植被空间分布密度,与植物分布密度呈线性相关。

7. 植被覆盖度计算方法

植被覆盖度指植被冠层的垂直投影面积与土壤总面积之比,即植土比。

$$f = (NDVI - NDVImin)/(NDVImax - NDVImin) \qquad (6-16)$$

式中,$NDVI$ 为所求像元的植被指数;$NDVImax$ 为纯植被的植被指数;$NDVImin$ 为纯土壤的植被指数。

8. 生物多样性评价的特点

由于生物是生态系统的关键因子,生物多样性直接关系到整个生态系统的质量。生态影响对生物多样性的影响是最直接、最显著,生物多样性的变化映射出生态系统的变化。因此,生物多样性评价是生态影响评价最基本的方法,然而,作为生态系统最重要因子的生物并不能代表整个生态系统,对生物多样性的影响仅是对生态系统影响的一个方面,不能从整体上对生态系统进行评价,进而不能替代整个生态影响评价。

在许多建设项目生态影响评价中,通过生物多样性评价了解建设项目对生态环境最直接的影响,即对生物的影响,提出相应的减缓措施,在生物多样性的保护,特别是珍稀物种的保护中发挥了巨大作用。

6.1.9　生物量变化的评价方法

1. 皆伐实测法

皆伐是在一个采伐季节内,将伐区上的林木全部伐除的森林主伐方式。皆伐实测法是为了精确测定生物量,或作为标准来检查其他方法的精确度,采用皆伐法。森林单位面积上长期积累的全部活有机体的总量。通常用单位面积上的干物质重量或热量表示测其各部分的材积(林木伐倒后根据相对密度或烘干重换算成干重)。

2. 平均木法

采伐并实测具有林分平均直径的树木的生物量,再乘以总株数即可求出林木的生物量。为了保证测定的精度,应采伐多株具有平均直径的样木,测定其生物量。

3. 标准木法

将研究地段的林木按其大小分级,在各级内再取平均木,然后换算成单位面积的干重。标准木即林分或标准地中,具有平均材积大小的树木。

标准木法是采用典型取样的方法。按一定要求选取标准木,伐倒区分求积,用标准木材积推算林分蓄积量的方法。这种方法在没有适用的调查数表或数表不能满足精度要求的条件下,是一种简便易行的测定林分蓄积量的方法。标准木法可分为平均标准木法和分级标准木法。

（1）平均标准木法

①设置标准地，并进行标准地调查。根据标准地每木检尺结果，计算出林分平均直径(Dg)；

②测树高(15～30株)，用数式法或图解法建立树高曲线，并求出林分平均高（HD）。

③在林分内按 Dg (1±5%)和 HD (1±5%)，且干形中等标准，选1～3株标准木，伐倒并用区分求积法测算其材积。

④计算标准地的蓄积量，并按标准地面积换算成单位面积蓄积(m³/hm²)。

（2）分级标准木法

为提高蓄积测算精度，可采用各种分级标准木法。先将标准地全部林木分为若干个径级（每个径级包括几个径阶），在各级中按平均标准木法测算蓄积，而后叠加得总蓄积：

$$M = \sum_{i=1}^{k} \left[\sum_{j=1}^{n_i} v_{ij} \frac{G_i}{\sum_{j=1}^{n_i} g_{ij}} \right]$$

式中　n_i——第 i 级中标准木株数；

　　　k——分级级数$(i=1,2,\cdots,k)$；

　　　G_i——第 i 级的断面积；

　　　v_{ij}, g_{ij}——第 i 级中第 j 株标准木的材积及断面积。

①等株径级标准木法：该法是将每木检尺结果依径阶顺序，将林木分为株数基本相等的3～5个径级，分别径级选标准木测算各径级材积，各径级材积叠加得标准地蓄积。

②等断面积径级标准木法：依径阶顺序，将林木分为断面积基本相等的3～5个径级，分别径级选标准木计算该径级的材积积，将各径级材积合计得林分蓄积。

③径阶等比标准木法：分别径阶按一定株数比例（一般取10%）选测标准木，根据每木检尺结果，按比例确定每个径阶应选的标准木株数（两端径阶株数较少，可合并到相邻径阶；然后根据各径阶平均标准木的材积推算该径阶材积，最后各径阶材积相加得标准地总蓄积。

若根据各径阶标准木材积与胸径或断面积相关关系，绘材积曲线或材积直线，则可按径阶查出各径阶单株平均材积，计算林分或标准地蓄积。

4. 随机抽样法

在以林木为单元的森林总体中，对每株林木先编号，后按序号随机抽取。在以面积为单元的大面积森林调查中，多用网点膜片或透明方格膜片来抽取样地。做法是将一种膜片覆盖到森林图上，统计落在总体范围内的点数或方格交点数。在这些点中，随机抽取需设置的样地点，并在现场找到它们，以每个样点为中心测设样地。

6.2　其他评价方法

6.2.1　土壤侵蚀的评价方法

1. 土壤侵蚀

水土流失，又称土壤侵蚀，是指在水力、重力、风力等外应力作用下，水土资源和土地生产力的破坏和损失，并且主要指水力侵蚀。

2. 土壤侵蚀的表示数据

一般有侵蚀模数(侵蚀强度,t/(km² · a))、侵蚀面积和侵蚀量几个定量数据。侵蚀面积可通过资料调查或遥感解译而得出。侵蚀量可根据侵蚀面积与侵蚀模数的乘积计算得出,也可根据实测得出。

侵蚀模数:侵蚀模数是土壤侵蚀强度单位,是衡量土壤侵蚀程度的一个量化指标。也称为土壤侵蚀率、土壤流失率或土壤损失幅度。指表层土壤在自然营力(水力、风力、重力及冻融等)和人为活动等的综合作用下,单位面积和单位时间内被剥蚀并发生位移的土壤侵蚀量,其单位为(t/km² · a)。

3. 侵蚀模数预测方法

(1)已有资料调查法。根据各地水土保持试验、水土保持研究站所的实测径流、泥沙资料,经统计分析和计算后作为该类型区土壤侵蚀的基础数据。

(2)物理模型法。在野外和室内采用人工模拟降雨方法,对不同土壤、植被、坡度、土地利用等情况下的侵蚀量进行试验。

(3)现场调查法。通过对坡面侵蚀沟和沟道侵蚀量的量测,建立定点定位观测,对沟道水库、塘坝淤积量进行实测,对已产生的水土流失量进行测算,计算侵蚀量。利用小水库、塘坝、淤地坝的淤积量进行量算,经来沙淤积折算,计算出土壤侵蚀量。

(4)水文手册查算法。根据各地《水文手册》中土壤侵蚀模数、河流输沙模数等资料,推算侵蚀量。

(5)土壤侵蚀及产沙数学模型法:通用水土流失方程式(USLE)。

$$A = R \cdot K \cdot L \cdot S \cdot C \cdot P \qquad (6-17)$$

式中　A——单位面积多年平均土壤侵蚀量,t/(km² · a);

　　　R——降雨侵蚀力因子,$R = EI30$(一次降雨总动能×最大 30min 雨强);

　　　K——土壤可蚀性因子,根据土壤的机械组成、有机质含量、土壤结构及渗透性确定;

　　　L——坡长因子;

　　　S——坡度因子,我国黄河流域试验资料,LS＝0.067L0.2S1.3;

　　　C——植被和经营管理因子,与植被覆盖度和耕作期相关;

　　　P——水土保持措施因子,主要有农业耕作措施、工程措施、植物措施。

注:水土流失预测还包括可能造成危害的预测,如土地退化问题、下游河道泥沙增加和淤积问题、对下游防洪的影响、地下水的影响以及区域生态环境的影响等。这些都根据评价中的具体需求和要求进行。

4. 土壤侵蚀容许量标准

土壤容许流失量是指在长时期内能保持土壤的肥力和维持土地生产力基本稳定的最大土壤流失量。我国主要侵蚀类型区的土壤容许流失量如表 6-3。

表 6-3　主要侵蚀类型区的土壤容许流失量

侵蚀类型区	土壤容许流失量/(t/(km² · a))
西北黄土高原区	1000
东北黑土区	200
北方土石山区	200

续表 6 - 3

侵蚀类型区	土壤容许流失量/(t/(km² · a))
南方红壤丘陵区	500
西南土石山区	500

5. 水力侵蚀、重力侵蚀的强度分级

土壤侵蚀评价主要以年平均侵蚀模数为判别指标,评价标准与方法采用水利部发布的土壤侵蚀分类分级标准(SL190—96)(见表 6 - 4)。

表 6 - 4 土壤侵蚀强度分级标准表

级别	平均侵蚀模数 (t/(km² · a))			平均流失厚度 (mm/a)		
	西北黄土高原区	东北黑土区/北方土石山区	南方红壤丘陵区/西南土石山区	西北黄土高原区	东北黑土区/北方土石山区	南方红壤丘陵区/西南土石山区
微度	<1000	<200	<500	<0.74	<0.15	<0.37
轻度	1000～2500	200～2500	500～2500	0.74～1.9	0.15～1.9	0.37～1.9
中度	2500～5000			1.9～3.7		
强度	5000～8000			3.7～5.9		
极强度	8000～15000			5.9～11.1		
剧烈	>15000			>11.1		

注:本表流失厚度系按土壤容重 1.35g/cm³ 折算,各地可按当地土壤容重计算之。

6. 风蚀强度分级

风力侵蚀的强度分级按植被覆盖度、年风蚀厚度、侵蚀模数三项指标划分,如表 6 - 5 所示。

表 6 - 5 风蚀强度分级

强度分级	植被覆盖度 %	年风蚀厚度 mm	侵蚀模数(t/(km² · a))
微度	>70	<2	<200
轻度	70～50	2～10	200～2500
中度	50～30	10～25	2500～5000
强度	30～10	25～50	5000～8000
极强度	<10	50～100	8000～15000
剧烈	<10	>100	>15000

6.2.2 水体富营养化的评价方法

水体富营养化主要是指人为因素引起的湖泊及水库中氮、磷增加对其水生生态系统产生不良的影响。富营养化是一个动态的复杂过程。

一般认为,水体中磷的增加是导致富营养化的原因,但富营养化亦是与氮含量、水温及水体特征(湖泊水面积、水源、形状、流速、水深等)有关。

1. 流域污染源调查

(1)根据地形图估计流域面积;

(2)通过水文气象资料了解流域内年降水量和径流量;

(3)调查流域内地形地貌和景观特征,了解城区、农区、森林和湿地的面积和分布;

(4)调查污染物点源和面源排放情况。

在稳定状况下,湖泊总磷的浓度可用下式进行描述:

$$\rho P = L / Z \cdot (p + \sigma) \tag{6-18}$$

式中　ρP——湖水中总磷的浓度,mg/m³;

　　　L——单位面积总磷年负荷量,mg/(m² · a);

　　　Z——湖水平均深度,m;

　　　σ——特定磷沉积率,1/a;

　　　p——湖水年替换率。

$$p = Q / V \tag{6-19}$$

式中　Q——年出湖水量,m³/a;

　　　V——湖泊水体积,m³。

由于磷的特定沉积率(σ)不容易实际测定。Dillion 和 Rigler 建议用磷的滞留系数(R)来取代:

$$R = (\text{Pin} - \text{Pout}) / P_\text{in} \tag{6-20}$$

式中　R——磷的滞留系数;

　　　Pin——输入磷;

　　　Pout——输出磷。

将上式改写为:

$$\rho P = L(1 - R) / \cdot p \tag{6-21}$$

一般认为春季湖水循环期间总磷浓度在 10 mg/m³ 以下时,基本上不会发生藻花和降低水的透明度;而总磷在 20 mg/m³ 时,则常常伴随着数量较大的藻类。因此,可用总磷浓度 10 mg/m³ 作为最大可接受的负荷量,大于 20 mg/m³ 则是不可接受的。

水中总磷的收支数据可用输出系数法和实际测定法获得。

2. 营养物质负荷法

(1)Vollenweider　在 1969 年提出湖泊营养状况与营养物质特别是与总磷浓度之间有密切关系。Vollenweider-OECD 模型表明,在一定范围内,总磷负荷增加,藻类生物量增加,鱼类产量也增加。这种关系受到水体平均深度、水面积、水力停留时间等因素的影响。将总磷负荷概化后,建立藻类叶绿素与总磷负荷之间的统计学回归关系。

(2)Dillon 根据总磷负荷$[L(1-R)/p]$与平均水深之间的线性关系预测湖泊总磷浓度和营养状况。从关系图就可得出湖泊富营养化等级。

①TP 浓度＜10mg/m³,为贫营养;

②10～20 mg/m³,为中营养;

③＞20 mg/m³,为富营养。

该方法简单、方便,但依据指标太少,难以准确反映水体富营养化真实状况及其时空变化趋势。

(3)在此基础上,提出湖泊磷滞留的估计方法。设湖泊进出水相等、稳定,湖水充分混合,在稳态状况下,湖泊年均总磷浓度(ρP)可用年均输入磷浓度 P 和年均磷的沉积率(RP)描述:

$$\rho P = P(1-RP) \tag{6-22}$$

式中　ρP——湖泊年均总磷浓度,$\mu g/L$;

　　　　P——年均输入磷浓度,即年磷输入量/年输入水量,$\mu g/L$;

　　　　RP——年输入磷的沉积率。

其中磷的沉积率(RP)是预测湖泊总磷浓度的关键。RP 与单位面积湖泊供水(年输入水量/湖泊面积)或与湖水更新率(年湖水输出率/湖泊体积)有关。其表达式为:

$$RP = 0.854 - 0.142 \ln qs \tag{6-23}$$

式中　RP——年输入磷的沉积率;

　　　　qs——年湖水输入量/湖泊面积,m/a。

该公式适合于总磷浓度$<25\mu g/L$的湖泊,对于总磷浓度较高的湖泊不一定适合。

3. 营养状况指数法

湖泊中总磷与叶绿素 a 和透明度之间存在一定的关系。Carlson 根据透明度、总磷和叶绿素三种指标发展了一种简单的营养状况指数(TSI),用于评价湖泊富营养化的方法。TSI 用数字表示,范围在 0～100,每增加一个间隔(如 10,20,30,……)表示透明度减少一半,磷浓度增加 1 倍,叶绿素浓度增加近 2 倍。三种参数的营养状况指数值如表所示。$TSI<40$,为贫营养;40～50,为中营养;>50,为富营养。该方法简便,广泛应用于评价湖泊营养状况。但这个标准是否适合于评价我国湖泊营养状况,还需要进一步研究。表 6-6 所为 Carlson 营养状况指数(TSI)参数值。

表 6-6　Carlson 营养状况指数(TSI)参数值

TSI	透明度	$TP(\mu g/L)$	$Chl(\mu g/L)$
0	64	0.75	0.04
10	32	1.5	0.12
20	16	3	0.34
30	8	6	0.94
40	4	12	2.6
50	2	24	6.4
60	1	48	20
70	0.5	96	56
80	0.25	192	154
90	0.12	384	427
100	0.06	768	1183

在非生物固体悬浮物和水的色度比较低的情况下,叶绿素 a(Chl)和总磷(TP)与透明度(SD)之间高度相关。因此,营养状况指数值(TSI)也可根据某一参数计算出来。计算式如下:

透明度参数式:$TSI = 60 - 14.41 \ln SD(m)$

叶绿素 a 参数式：$TSI = 9.81 \ln Chl(\text{mg/m3}) + 30.6$

总磷参数式：$TSI = 14.42 \ln TP(\text{mg/m3}) + 4.15$ (6-24)

湖水过于浑浊（非藻类浊度）或水草繁茂的湖泊，Carlson 指数则不适用。

注：①有时用 TN/TP 比率评估湖泊或水库何种营养盐不足。

• 对藻类生长来说，TN/TP 比率在 20：1 以上时，表现为磷不足；

• 比率小于 13：1 时，表现为氮不足。绝对浓度也应考虑。

②pH 值和碱度对于湖泊中磷的固定和人工循环的恢复技术具有重要意义。

③浮游植物、浮游动物、底栖动物、大型植物和鱼类种类组成、密度分布、体积、生物量或相对丰度等资料，对于评价湖泊营养水平、湖泊生态系统结构功能及湖泊环境变化状况有重要参考价值。

4. 单因素评价生态环境

根据某因素在某省区的实际出现值比该因素在中国境内的最高值，求得各因素在生态环境质量综合评价中的评价值。为了便于计算乘以 100，使得最低分为 0，最高分为 100。对区域生态环境有益处的因素取正值，表示生态破坏、环境污染以及对环境有压力的因素取负值，这样可得出每省区的单因素评价值（值越高，环境质量越优），为综合评价奠定基础。

5. 综合评价生态环境

将各因素的评价值分别乘以各因素的权重值再相加，得到各省区生态环境质量综合指数（值越高，环境质量越优）。

$$EEQi = \Sigma i = lnUiWi, \quad (i = 1, 2, \cdots, n)$$ (6-25)

式中 $EEQi$——各省生态环境质量综合指数（简称环境指数）；

Ui——各因素的评价值；

Wi——各因素的权值；

N——因素的总个数。

第7章 生态环境影响评价竣工保护验收

据我国环保部行业标准《建设项目竣工环境保护验收技术规范－生态影响类》HJ/T 394—2007,本标准为指导性标准,自 2008 年 2 月 1 日实施。

7.1 适用范围

本标准规定了生态影响类建设项目竣工环境保护验收调查总体要求、实施方案和调查报告的编制要求。适用于交通运输(公路,铁路,城市道路和轨道交通,港口和航运,管道运输等)、水利水电、石油和天然气开采、矿山采选、电力生产(风力发电)、农业、林业、牧业、渔业、旅游等行业和海洋、海岸带开发、高压输变电线路等主要对生态造成影响的建设项目,以及区域、流域开发项目竣工环境保护验收调查工作。其他项目涉及生态影响的可参照执行。

7.2 总则

7.2.1 验收调查工作程序

验收调查工作可分为准备、初步调查、编制实施方案、详细调查、编制调查报告五个阶段。详细内容见表 7-1,具体工作流程图见图 7-1。

表 7-1 竣工保护验收调查的工作阶段

序号	阶段	主要工作
1	准备阶段	收集、分析工程有关的文件和资料,了解工程概况和项目建设区域的基本生态特征,明确环境影响评价文件和环境影响审批文件有关要求,制定初步调查工作方案
2	初步调查阶段	核查工程设计、建设变更情况及环境敏感目标变化情况,初步掌握环境影响评价文件和环境影响审批文件要求的环保措施落实情况、与主体工程配套的污染防治设施完成及运行情况和生态保护措施执行情况,获取相应的影像资料
3	编制实施方案阶段	确定验收调查标准、范围、重点及采用的技术方法,编制验收调查实施方案文本
4	现场调查阶段	调查工程建设期和运营期造成的实际环境影响,详细核查环境影响评价文件及初步设计文件提出的环境保护措施落实情况、运行情况、有效性和环境影响审批文件有关要求的执行情况

表 7 - 1

序号	阶段	主要工作
5	编制调查报告阶段	对项目建设造成的实际环境影响、环保措施的落实情况进行论证分析针对尚未达到环境保护验收要求的各类环境保护问题,提出整改与补救措施,明确验收调查结论编制验收调查报告文本

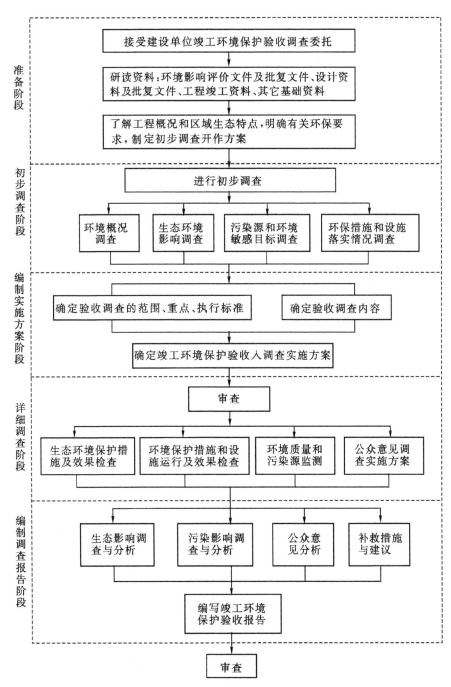

图 7 - 1 验收调查工作程序图

7.3 验收调查分类管理要求

根据国家建设项目环境保护分类管理的规定：
(1)编制环境影响报告书的建设项目应编制建设项目竣工环境保护验收调查报告；
(2)编制环境影响报告表的建设项目应编制建设项目环境保护验收调查表；
(3)填报环境影响登记表的建设项目,应填写建设项目竣工环境保护验收登记卡。

7.4 验收调查时段和范围

1.验收调查时段

根据工程建设过程,验收调查时段一般分为工程前期、施工期、试运行期三个时段。

2.验收调查范围

验收调查范围原则上与环境影响评价文件的评价范围一致；当工程实际建设内容发生变更或环境影响评价文件未能全面反映出项目建设的实际生态影响和其他环境影响时,根据工程实际变更和实际环境影响情况,结合现场踏勘对调查范围进行适当调整。

7.5 验收调查标准及指标

1.验收调查标准

原则上采用建设项目环境影响评价阶段经环境保护部门确认的环境保护标准与环境保护设施工艺指标进行验收。

(1)对已修订新颁布的环境保护标准应提出验收后按新标准进行达标考核的建议。

(2)环境影响评价文件和环境影响评价审批文件中有明确规定的按其规定作为验收标准。

(3)环境影响评价文件和环境影响评价审批文件中没有明确规定的,可按法律、法规、部门规章的规定参考国家、地方或发达国家环境保护标准。

(4)现阶段暂时还没有环境保护标准的可按实际调查情况给出结果。

2.标准及指标的来源

国家和地方已颁布的与环境保护相关的法律、法规、标准(包括环境质量标准、污染物排放标准、环境保护行政主管部门批准的总量控制指标)及法规性文件。

生态背景或本底值。以项目所在地及区域生态背景值或本底值作为参照指标,如重要生态敏感目标分布、重要生物物种和资源的分布、植被覆盖率与生物量、土壤背景值、水土流失本底值等。

3.生态验收调查指标

(1)建设项目涉及的指标:工程基本特征、占地(永久占地和临时占地)数量、土石方量、防护工程量、绿化工程量等。

(2)建设项目环境影响指标:对于不同行业的生态影响类建设项目的环境影响之间的差异,指标可针对项目的具体影响对象筛选,也可按照环境影响评价文件、环境影响评价审批文件及设计文件中提出的指标开展调查工作。

包括:具体的生态指标;生态敏感目标(见表 7 - 2)

表 7 - 2 生态敏感目标一览表

生态敏感目标	主要内容
需特殊保护地区	国家法律、法规、行政规章及规划确定的或经县级以上人民政府批准的需特殊保护地区,如饮用水水源保护区、自然保护区、风景名胜区、生态功能保护区、基本农田保护区、水土流失重点防治区、森林公园、地质公园、世界遗产地、国家重点文物保护单位、历史文化保护地等,以及有特殊价值的生物物种资源分布区域
生态敏感与脆弱区	沙尘暴源区、石漠化区、荒漠中的绿洲、严重缺水地区、珍稀动物栖息地、珍稀植物生长地或特殊生态系统、天然林、热带雨林、红树林、珊瑚礁、鱼虾产卵场、重要湿地和天然渔场等
社会关注区	具有历史、文化、科学、民族意义的保护地等

7.6 验收调查运行工况要求

(1)对于公路、铁路、轨道交通等线性工程以及港口项目,验收调查应在工况稳定、生产负荷达到近期预测生产能力(或交通量)75%以上的情况下进行;如果短期内生产能力(或交通量)确实无法达到设计能力 75%或以上的,验收调查应在主体工程运行稳定、环境保护设施运行正常的条件下进行,注明实际调查工况,并按环境影响评价文件近期的设计能力(或交通量)对主要环境要素进行影响分析。

(2)生产能力达不到设计能力 75%时,可以通过调整工况达到设计能力 75%以上再进行验收调查。

(3)国家、地方环境保护标准对建设项目运行工况另有规定的按相应标准规定执行。

(4)对于水利水电项目、输变电工程、油气开发工程(含集输管线)、矿山采选可按其行业特征执行,在工程正常运行的情况下即可开展验收调查工作。

(5)对分期建设、分期投入生产的建设项目应分阶段开展验收调查工作,如水利、水电项目分期蓄水、发电等。

7.7 验收调查重点

(1)核查实际工程内容及方案设计变更情况。

(2)环境敏感目标基本情况及变更情况。

(3)实际工程内容及方案设计变更造成的环境影响变化情况。

(4)环境影响评价制度及其他环境保护规章制度执行情况。

(5)环境影响评价文件及环境影响评价审批文件中提出的主要环境影响。

(6)环境质量和主要污染因子达标情况。

(7)环境保护设计文件、环境影响评价文件及环境影响评价审批文件中提出的环境保护措施落实情况及其效果、污染物排放总量控制要求落实情况、环境风险防范与应急措施落实情况及有效性。

(8)工程施工期和试运行期实际存在的及公众反映强烈的环境问题。

(9)验证环境影响评价文件对污染因子达标情况的预测结果。

(10)工程环境保护投资情况。

7.8　验收调查技术要求

1.环境敏感目标调查

(1)根据表7-2所界定的环境敏感目标,调查其地理位置、规模、与工程的相对位置关系、所处环境功能区及保护内容等,附图、列表予以说明;

(2)注明实际环境敏感目标与环境影响评价文件中的变化情况及变化原因。

2.工程调查

(1)工程建设过程:应说明建设项目立项时间和审批部门,初步设计完成及批复时间,环境影响评价文件完成及审批时间,工程开工建设时间,环境保护设施设计单位、施工单位和工程环境监理单位,投入试运行时间等。

(2)工程概况:应明确建设项目所处的地理位置、项目组成、工程规模、工程量、主要经济或技术指标(可列表)、主要生产工艺及流程、工程总投资与环境保护投资(环境保护投资应列表分类详细列出)、工程运行状况等。工程建设过程中发生变更时,应重点说明其具体变更内容及有关情况。

(3)提供适当比例的工程地理位置图和工程平面图(线性工程给出线路走向示意图),明确比例尺,工程平面布置图(或线路走向示意图)中应标注主要工程设施和环境敏感目标。

3.环境保护措施落实情况调查

(1)概括描述工程在设计、施工、运行阶段针对生态影响、污染影响和社会影响所采取的环境保护措施,并对环境影响评价文件及环境影响评价审批文件所提各项环境保护措施的落实情况一一予以核实、说明。

(2)给出环境影响评价、设计和实际采取的生态保护和污染防治措施对照、变化情况,并对变化情况予以必要的说明;对无法全面落实的措施,应说明实际情况并提出后续实施、改进的建议。

(3)生态影响的环境保护措施主要是针对生态敏感目标(水生、陆生)的保护措施,包括植被的保护与恢复措施、野生动物保护措施(如野生动物通道)、水环境保护措施、生态用水泄水建筑物及运行方案、低温水缓解工程措施、鱼类保护设施与措施、水土流失防治措施、土壤质量保护和占地恢复措施、自然保护区、风景名胜区、生态功能保护区等生态敏感目标的保护措施、生态监测措施等。

(4)污染影响的环境保护措施主要是指针对水、气、声、固体废物、电磁、振动等各类污染源所采取的保护措施。

(5)社会影响的环境保护措施主要包括移民安置、文物保护等方面所采取的保护措施。

4.生态影响调查

(1)根据建设项目的特点设置调查内容,一般包括:

①工程沿线生态状况,珍稀动植物和水生生物的种类、保护级别和分布状况、鱼类三场分布等。

②工程占地情况调查,包括临时占地、永久占地,列表说明占地位置、用途、类型、面积、取弃土量(取弃土场)及生态恢复情况等。

③工程影响区域内水土流失现状、成因、类型,所采取的水土保持、绿化及措施的实施效果等。

④工程影响区域内自然保护区、风景名胜区、饮用水源保护区、生态功能保护区、基本农田保护区、水土流失重点防治区、森林公园、地质公园、世界遗产地等生态敏感目标和人文景观的分布状况,明确其与工程影响范围的相对位置关系、保护区级别、保护物种及保护范围等。提供适当比例的保护区位置图,注明工程相对位置、保护区位置和边界。

⑤工程影响区域内植被类型、数量、覆盖率的变化情况。

⑥工程影响区域内不良地质地段分布状况及工程采取的防护措施。

⑦工程影响区域内水利设施、农业灌溉系统分布状况及工程采取的保护措施。

⑧建设项目建设及运行改变周围水系情况时,应做水文情势调查,必要时须进行水生生态调查。

⑨如需进行植物样方、水生生态、土壤调查,应明确调查范围、位置、因子、频次,并提供调查点位图。

⑩上述内容可根据实际情况进行适当增减。

(2)生态影响调查方法

①文件资料调查

查阅工程有关协议、合同等文件,了解工程施工期产生的生态影响,调查工程建设占用土地(耕地、林地、自然保护区等)或水利设施等产生的生态影响及采取的相应生态补偿措施。

②现场勘察

- 通过现场勘察核实文件资料的准确性,了解项目建设区域的生态背景,评估生态影响的范围和程度,核查生态保护与恢复措施的落实情况。
- 现场勘察范围:全面覆盖项目建设所涉及的区域,勘察区域与勘察对象应基本能覆盖建设项目所涉及区域的80%以上。对于建设项目涉及的范围较大、无法全部覆盖的,可根据随机性和典型性的原则,选择有代表性的区域与对象进行重点现场勘察。
- 为了定量了解项目建设前后对周围生态所产生的影响,必要时需进行植物样方调查或水生生态影响调查。若环境影响评价文件未进行此部分调查,而工程的影响又较为突出,需定量时,需设置此部分调查内容;原则上与环境影响评价文件中的调查内容、位置、因子相一致;若工程变更影响位置发生变化时,除在影响范围内选点进行调查外,还应在未影响区选择对照点进行调查。

③公众意见调查

可以定性了解建设项目在不同时期存在的环境影响,发现工程前期和施工期曾经存在的及目前可能遗留的环境问题,有助于明确和分析运行期公众关心的环境问题,为改进已有环境保护措施和提出补救措施提供依据。

④遥感调查

- 适用于涉及范围区域较大、人力勘察较为困难或难以到达的建设项目。

- 遥感调查一般需以下内容：卫星遥感资料、地形图等基础资料，通过卫星遥感技术或GPS定位等技术获取专题数据；数据处理与分析；成果生成。

（3）调查结果分析

①自然生态影响调查结果

- 根据工程建设前后影响区域内重要野生生物（包括陆生和水生）生存环境及生物量的变化情况，结合工程采取的保护措施，分析工程建设对动植物生存的影响；调查与环境影响评价文件中预测值的符合程度及减免、补偿措施的落实情况。
- 分析建设项目建设及运营造成的地貌影响及保护措施。
- 分析工程建设对自然保护区、风景名胜区、人文景观等生态敏感目标的影响，并提供工程与环境敏感目标的相对位置关系图，必要时提供图片辅助说明调查结果。

②农业生态影响调查结果

- 与环境影响评价文件对比，列表说明工程实际占地和变化情况，包括基本农田和耕地，明确占地性质、占地位置、占地面积、用途、采取的恢复措施和恢复效果，必要时采用图片进行说明。
- 说明工程影响区域内对水利设施、农业灌溉系统采取的保护措施。
- 分析采取工程、植物、节约用地、保护和管理措施后，对区域内农业生态的影响。

③水土流失影响调查结果

- 列表说明工程土石方量调运情况，占地位置、原土地类型、采取的生态恢复措施和恢复效果，采取的护坡、排水、防洪、绿化工程等。
- 调查工程对影响区域内河流、水利设施的影响，包括与工程的相对位置关系、工程施工方式、采取的保护措施。
- 调查采取工程、植物和管理措施后，保护水土资源的情况。
- 根据建设项目建设前水土流失原始状况，对工程施工扰动原地貌、损坏土地和植被、弃渣、损坏水土保持设施和造成水土流失的类型、分布、流失总量及危害的情况进行分析。
- 若建设项目水土保持验收工作已结束，可适当参考其验收结果。
- 必要时辅以图表进行说明。

④监测结果

- 统计监测数据，与原有生态数据或相关标准对比，明确环境变化情况，并分析发生变化的原因。
- 分析工程建设前后对环境敏感目标的影响程度。

⑤措施有效性分析及补救措施与建议

- 从自然生态影响、生态敏感目标影响、农业生态影响、水土流失影响等方面分析采取的生态保护措施的有效性。分析指标包括生物量、特殊生境条件、特有物种的增减量、景观效果、水土流失率等；评述生态保护措施对生态结构与功能的保护（保护性质与程度）、生态功能补偿的可达性、预期的可恢复程度等。
- 根据上述分析结果，对存在的问题分析原因，并从保护、恢复、补偿、建设等方面提出具有操作性的补救措施和建议。
- 对短期内难以显现的预期生态影响，应提出跟踪监测要求及回顾性评价建议，并制定监测计划。

5. 社会环境影响调查

(1)移民环境影响调查:根据实施方案中所规定的内容要求进行调查。

①调查与分析移民区的环境保护措施落实情况;

②分析移民安置存在或潜在的环境问题,提出整改措施与建议。

(2)文物古迹影响调查:①说明建设项目施工区、永久占地及调查范围内的具有保护级别的文物,说明保护级别、与工程的位置关系。②评述文物保护措施的落实情况。

6. 清洁生产调查与风险事故防范

(1)清洁生产调查与分析:核查实际清洁生产指标与环境影响评价和设计指标之间的符合度,分析工程的清洁生产水平。

(2)风险事故防范及应急措施调查与分析:根据工程试运营以来发生的风险事故的原因和环境危害的分析,风险事故防范与应急管理机构落实情况、风险事故防范规章制度制定情况、必要的应急设施配备情况和应急队伍培训情况、国家、地方及有关行业关于风险事故防范与应急方面的相关规定落实情况的核查,评述工程现有防范措施与应急预案的有效性,针对存在的问题提出可操作的改进措施与建议。

7. 环境管理状况调查

(1)环境管理状况调查

①按施工期和运营期两个阶段分别进行。

②调查建设单位环境保护管理机构及规章制度制定、执行情况、环境保护人员专兼职设置情况。

③调查建设单位环境保护相关档案资料的齐备情况。

(2)环境监测计划落实情况核查:

①核查环境影响评价和初步设计中要求建设的环保设施的运行、监测计划落实情况。

②核查施工期工程环境监理计划落实与实施情况。

(3)环境管理状况分析与建议:分析建设单位"三同时"制度的执行情况。并针对现场调查发现的问题,提出切实可行的环境管理建议。

8. 调查结论与建议

根据工程环境影响的调查结果,从技术上论证工程是否符合建设项目竣工环境保护验收条件。

(1)调查结论是全部调查工作的结论,编写时需概括和总结全部工作。

(2)总结建设项目对环境影响评价文件及环境影响审批文件要求的落实情况。

(3)重点概括说明工程建设成后产生的主要环境问题及现有环保措施的有效性,在此基础上对环保措施提出改进措施和建议,并根据调查、分析的结果,客观、明确地给出结论,确认工程是否符合环境保护竣工验收要求。

结论主要包括:

①建议通过竣工环境保护验收。

②限期整改后,建议通过竣工环境保护验收。

第8章 生态环境影响评价案例分析
——风电场建设项目生态环境影响

国华宝鸡陇县关山风电场 49.5MW 工程建设项目——生态环境影响专项评价

8.1 项目概况

一、项目地理位置

国华宝鸡陇县关山风电场 49.5MW 工程项目位于宝鸡市陇县西南部,场地地理位置坐标介于东经 106°30′～106°39′,北纬 34°40′～35°45′之间,场址高程 1900～2250m。

二、项目的基本情况

项目名称:国华宝鸡陇县关山风电场 49.5MW 工程

建设规模:建设 1600kW 风力发电机组 31 台以及配套的箱式变电站、升压站、道路、输配电系统等。

8.2 评价依据

一、国家法律、法规

(1)《中华人民共和国环境保护法》(2014 年);

(2)《中华人民共和国环境影响评价法》(2002 年);

(3)《中华人民共和国水土保持法》(1991 年);

(4)《中华人民共和国土地管理法》(1998 年 8 月 29 日);

(5)《中华人民共和国水法》(2002 年 8 月 29 日);

(6)《中华人民共和国野生动物保护法》(1988 年 11 月 8 日);

(7)《中华人民共和国野生植物保护条例》(1996 年 9 月 30 日);

(8)《风景名胜区条例》(2006 年 9 月 6 日)。

二、国家与行业政策、规章

(1)中华人民共和国国务院第 253 号令《建设项目环境保护管理条例》(1998 年);

(2)《建设项目环境影响评价分类管理名录》(2008 年);

(3)国家环境保护局《关于加强建设项目环境影响评价分级审批的通知》(环发[2004]164 号)。

三、地方法规与政策

(1)《关于西部大开发中加强建设项目环境保护管理的若干意见》(环发[2001]4 号);

(2) 陕西省贯彻落实《全国生态环境保护纲要》的实施意见(2001 年);

(3) 陕西省实施《中华人民共和国环境保护法》办法(1992 年);

(4)"陕西省人民政府关于加强生态保护工作的通知"(陕政发[2000]22 号文);

(5)《陕西省生态功能规划》(2004 年);

(6)《陕西省人民政府关于划分水土流失重点防治区的公告》(陕政发[1999]6 号,1999 年 2 日 27 日)。

四、技术标准和规范

(1)国家环保总局《环境影响评价技术导则·总纲》(HJ/T2.1—2011);

(2)环境保护部《环境影响评价技术导则·生态影响》(HJ19—2011);

(3)《开发建设项目水土保持技术规范》(GB50433—2008);

(4)《土壤侵蚀分类分级标准》(SL190—2007);

(5)《开发建设项目水土保持设施验收技术规程》(SL387—2007)。

五、主要技术文件和资料

(1)《国华宝鸡陇县关山风电场 49.5MW 工程建设项目可行性研究报告》;

(2)《陕西省土壤侵蚀模数图》。

＊说明:以上依据为评价文件编制时执行的法律法规及行政规章。

8.3 评价等级

本项目所在区域临近陕西陇县秦岭细鳞鲑国家级自然保护区、陕西省关山森林公园(省级),并且处于关山草原风景名胜区(省级)规划范围内,涉及特殊生态敏感区。对照表 8-1,本项目生态评价工作等级确定为一级。

表 8-1 生态影响评价工作等级划分表

影响区域生态敏感性	工程占地(水域)范围		
	面积≥20km² ≥100km²	面积 2km²～20km² 或长度 50km～100km	面积≤2km² 或长度≤50 km
特殊生态敏感区	一级	一级	一级
重要生态敏感区	一级	二级	二级
一般区域	二级	三级	三级

8.4 评价范围及内容

本项目生态评价等级为一级,评价范围确定为本工程 31 座风机基础及场内道路外围

500m 范围,以及陕西陇县秦岭细鳞鲑国家级自然保护区、陕西省关山森林公园、关山草原风景名胜区可能被影响区域并在此基础上兼顾周边地形地貌做适当调整。

结合工程特点,生态环境影响评价内容确定如下:

(1)生态环境现状分析;

(2)对重要生态敏感区的影响分析;

(3)对动植物资源的影响分析;

(4)对土地资源的影响分析;

(5)重点工程生态环境影响分析;

(6)工程阻隔影响分析;

(7)对景观环境的影响分析;

(8)水土流失影响分析。

8.5　生态影响因素识别

一、生态影响因素识别

根据工程情况,本项目可分为施工期和运营期两个阶段,生态影响因素识别见表 8-2。

表 8-2　生态影响因素识别

工程因素与环境因素	施工期			运营期	
	施工场地	施工道路	施工营地	永久占地	工程运行
土壤	+++	+++	+++	+++	——
植被及主要植物	+++	+++	+++	+++	——
野生动物	++	++	++	+	+
水生生物	——	——	——	——	——
生态系统	+	+	+	+	+
景观	+++	+++	+++	——	——
地表水饮用水源地及植被	——	——	——	——	——
秦岭细鳞鲑保护区	——	——	——	——	——
关山森林公园	——	——	——	——	——
关山草原风景区	++	++	++	+	——

注:+++表示不利影响强烈,++表示不利影响中等,+表示不利影响较小,——表示基本无影响。

二、评价重点

根据项目情况和周边环境敏感程度,确定本项目评价重点为项目施工对生态敏感区的影响和对动植物资源的影响分析。

三、评价方法

本次评价在收集整理评价区域生态环境现状资料、敏感区域资料的基础上,利用 3S 技术,结合实地踏勘,对具有代表性区域和重点工程实施区域,运用定性、定量分析相结合的方法评价建设区域生态环境现状及预测工程建设造成的生态环境影响。

1. 资料收集法

收集现有能反应生态现状的资料,包括农、林、牧、渔和环境保护部门等基础资料及区域内类似工程的环境影响报告书、生态保护规划、生态功能区划、生态调查数据、生态敏感目标的基本情况以及其他生态科研材料等。

2. 现场调查法

本次植被调查以普查法为主,对部分区段采取典型调查法进行调查。

①植被群落调查:在实地踏勘的基础上,确定典型的群落地段,采用法瑞学派样地记录法进行群落调查,乔木群落样方面积为 $10 \times 10m^2$,灌木样方为 $5 \times 5m^2$,草本样方为 $1 \times 1m^2$,记录样地的所有种类,并按照 Braun-Blanquet 多优度－群聚度记分,利用 GPS 记录样方高差和地理坐标。

多优度等级(即盖度－多度级,共 6 级,盖度为主结合多度)、群聚度等级(5 级,聚生状况与盖度相结合)和频度(本评价采用 5 级制)详见表 8-3。

表 8-3　多优度－群聚度－频度等级一览表

多优度		群聚度		频度	
＋	样地内某种植物的盖度很少,数量很少,或单株	1	个别散生活单生	Ⅰ	存在度 1%～20%
1	样地内某种植物的盖度在 5% 以下	2	小丛或小簇	Ⅱ	存在度 21%～40%
2	样地内某种植物的盖度在 5%～25%（即 1/20～1/4）	3	小片或小块	Ⅲ	存在度 41%～60%
3	样地内某种植物的盖度在 25%～50%（即 1/4～1/2）	4	小群或大块	Ⅳ	存在度 61%～80%
4	样地内某种植物的盖度在 50%～75%（即 1/2～3/4）	5	集成大片,背景化	Ⅴ	存在度 81%～100%
5	样地内某种植物的盖度在 75% 以上（即 3/4 以上）				

②生物生产力的测定与估算:灌草丛生物量利用样地估算与查阅文献法,乔木生物量采用实测与估算相结合的方法对植被生物量进行测算。

3. 生态制图

选取项目区域 2013 年 10 月的美国 Landsat 8 影像资料,并根据实地考察和收集到的有关文字与图形资料,建立地物原型与卫星影像之间的直接解译标志,通过非监督分类和人机交互判读分析方法,对所有拼块进行勾绘,并对每个拼块富裕属性,解译出区域生态环境评价所需的相关数据,并最终应用 arcGIS 遥感处理软件,得到项目评价区域植被类型、土地利用、水土流失等生态现状信息。

8.6 工程分析

一、工程概况

本项目基本情况见表8-4所示：

表8-4 主要建设内容一览表

项目名称		建设规模	备注
主体工程	风电机组	拟建31台1600kW的WTG3型风力发电机组，配套31台35kV箱式变电站	风电机组基础占地约0.71hm²，相变基础占地约0.06hm²
	升压站	生产综合楼1座，建筑面积1693m²；生活消防水泵房1座，建筑面积176.25m²；综合配电室1座，建筑面积718m²；油品库1座，建筑面积61.7m²	包含职工生活设施，占地面积约1.24hm²
配套工程	道路工程	变电所进所道路由变电所南侧的城乡道路引接；新建场内施工道路，施工道路路面宽度为6.5m，长度为22km；风电场施工完成后，在施工道路基础上修建路面宽3.5m、左右路肩各0.5m的场内永久检修道路，其余路面恢复为自然地面	永久道路占地约9.9hm²
	输配电工程	建设100座输电线塔	基础占地约0.36hm²
环保工程	生活污水处理系统	食堂废水经油水分离器处理、生活污水经化粪池及二级生化污水处理装置处理后储存于防渗的蓄水池内，用于场内及风电场绿化，不外排	
	油污水处置系统	设置事故油池一座，检修油污水排入事故油池，定期送往有资质的单位处理，不外排	
	食堂油烟净化系统	安装油烟净化器，净化效率不低于60%	
	固体废弃物处置	生活垃圾由当地环卫部门定期清运；废油污排入事故油池，废油污和废变压器交由有资质的单位进行安全处置，不外排。	
	生态保护	对临时占地及时采取植树种草、合理绿化，施工结束后及时恢复。对于永久性占地，采取生态补偿。	
	水土流失治理	采取工程措施、植物措施相结合控制水土流失量。	

二、施工方案

风电机组施工、升压站施工、道路和集电线路。（具体内容略）

三、生态影响源强分析

1. 工程占地

本项目生态影响主要为工程占地。本工程为线状和点状相结合的工程，工程占地类型为林地、草地，按照工程占地性质划分可分为工程永久占地和施工临时占地。本工程占地类型以林地和草地为主，工程永久占地面积共 12.73hm²，临时占地面积共 21.15hm²。详见表 8-5。

表 8-5　工程占地情况表　　　　　　　　　　　　　　　　　　　　单位：hm²

项目		占地类型及数量		
		林地	草地	合计
		灌木林地	其他草地	
永久占地	风机基础	0.14	0.57	0.71
	箱式变电站	0.01	0.05	0.06
	升压站	0.25	0.99	1.24
	架空线路	0.07	0.29	0.36
	进场道路	0.09	0.37	0.46
	施工检修道路	1.98	7.92	9.9
	小计	2.54	10.19	12.73
临时占地	吊装场地	2.07	4.13	6.2
	电缆埋设	0.05	0.10	0.15
	临时生产生活区	0.17	0.33	0.5
	施工检修道路	5.89	8.41	14.3
	小计	8.18	12.97	21.15

2. 土石方情况

项目区开挖主要有风机基础开挖、箱式变电站基础开挖、吊装场地平整、升压站平整、电缆沟开挖、架空线路塔基开挖、道路平整和施工生产生活区场地平整等。

具体土石方平衡计算如下：

(1)风机及箱变施工区

风机及箱变施工区共开挖土方 18.50 万 m³，其中表土剥离 1.86 万 m³，一般土石方 16.64 万 m³。一般土石方中除少部分为塔基挖方外，大部分为山地塔基建设时平整地形临时开挖的土方；共回填利用土方 15 万 m³，其中表土回填 1.86 万 m³。风机基础和箱变基础开挖土方回填后有 3.5 万 m³ 余方产生，将多余土方运至道路工程区填筑利用。

(2)升压站

升压站场地平整和土建活动共开挖土方 1.00 万 m³，其中表土剥离 0.08 万 m³，开挖土方全部进行平整和回填，无弃土方产生。

（3）输电线路区

①埋设电缆：输电线路直埋电缆沟开挖土方 0.06 万 m³，其中表土剥离 0.02 万 m³，电缆铺设后全部回填，无弃土方产生，符合水保要求。

②塔基施工：输电线路塔基基础施工共开挖土方 0.90 万 m³，其中表土剥离 0.02 万 m³，塔基固定后全部回填，无弃土方产生，符合水保要求。

（4）施工生产生活区土石方平衡

基建期间施工生产生活区挖方共 0.29 万 m³，其中表土剥离 0.15 万 m³，开挖土方中 0.24 万 m³ 进行平整和回填，其余 0.05 万 m³ 为施工完毕后施工生产生活区拆除的建筑垃圾，外运至项目东侧约 3km 外的关山管委会指定垃圾处理站。

（5）道路工程区土石方平衡

①进场道路：进场道路路基共开挖土方 1.00 万 m³，开挖土方全部回填，需外借砂石料路面垫层 0.20 万 m³，共回填土石方 1.20 万 m³。

②施工检修道路：施工检修道路路基共开挖土方 25.0 万 m³，开挖土方全部回填，并从风机施工区调入 3.5 万 m³ 用于回填利用，同时道路施工需外借砂石料路面垫层 1.5 万 m³，共回填土石方 30.0 万 m³。

本项目土石方动迁量为 95.15 万 m³，共开挖土方 46.75 万 m³，其中表土剥离 2.13 万 m³；共回填土方 48.40 万 m³，其中表土回填 2.13 万 m³，外借方 1.70 万 m³，弃土方 0.05 万 m³，外运至项目东侧约 3km 外的关山管委会指定垃圾处理站。

工程外借方均为道路工程的垫层料，主体设计采用商购方式解决，砂石料的开采、运输等过程的水土流失防治责任由砂石料提供方负责。

工程土石方平衡见表 8-6。

表 8-6　　工程土石方平衡表　　　　　单位：万 m³

项目	挖填方量	挖方量			填方量			利用方量			调入		调出		借方		弃方	
		一般土石方	表土	小计	一般土石方	表土	小计	一般土石方	表土	小计	数量	来源	数量	去向	数量	来源	数量	去向
风机施工区	33.50	16.64	1.86	18.50	13.14	1.86	15.00	13.14	1.86	15.00			3.50	施工检修道路				
升压站	2.00	0.92	0.08	1.00	0.92	0.08	1.00	0.92	0.08	1.00								
埋设电缆	0.12	0.02	0.04	0.06	0.02	0.04	0.06	0.02	0.04	0.06								
架空线路	1.80	0.90		0.90	0.90	0	0.90	0.90		0.90								
施工生产生活区	0.53	0.14	0.15	0.29	0.09	0.15	0.24	0.09	0.15	0.24							0.05	外运
进场道路	2.20	1.00		1.00	1.20		1.20	1.00		1.00					0.20	外购		
施工检修道路	55.00	25.00		25.00	30.00		30.00	25.00		25.00	3.50	风机施工区			1.50	外购		
合计	95.15	44.62	2.13	46.75	46.27	2.13	48.4	41.07	2.13	43.20	3.50		3.50		1.70		0.05	外运

注：土石方平衡计算中的土石方量均以自然方计。

四、方案比选

根据风资源分析文件，利用风电场设计及优化软件 Windfarmer 进行风机优化布置。然后进行各方案技术和经济比较,比选出单位度电成本最低,性能价格比最优,方案为推荐方案。同时调整避开秦岭细鳞鲑自然保护区和关山森林公园,为最优方案。

8.7 生态环境现状

一、生态功能区划现状及评价

根据《全国生态功能区划》(环境保护部、中国科学院公告,2008 年第 35 号)、《陕西省生态功能区划》(陕政办发[2004]15 号),本项目所在地属于关山水源涵养区,该区域为渭河谷地农业生态区的三级分区。应附项目生态区划图。

关山水源涵养区位于秦岭山脉北侧,为秦巴山地与黄土高原的过度地带,植被类型较为多样,在防止土壤侵蚀、涵养水源、保护天然次生林能等方面起着重要作用。

主要生态问题:关山草原作为中国西北内陆地区的以高山草甸为主体的具有省级风景名胜区,其旅游业的发展非常迅速,游客的践踏和放牧的干扰(每年 5 月 1 日至 10 月 10 日),特别是马、牛、羊的混牧是造成草地严重退化的直接原因。坡下草地,距离公路较近,受上述因素干扰的影响较大,而坡中、坡上草地受到的干扰相对较小。

生态保护主要措施:关山草原在管理上实行划区轮牧,对草地践踏比较严重的马采取圈养,旅游区应合理规划,设置游客行走通道,减少对草地的过度践踏,从而促进关山草原旅游业及畜牧业的持续、稳定、健康发展根据生态承载能力,合理控制旅游开发和畜牧业发展规模。

二、重要生态敏感区分布概况

本项目周边涉及多个生态敏感区,在通过环保选址,评价方案对陕西陇县秦岭细鳞鲑国家级自然保护区(距项目最近距离 300m)、陕西省关山森林公园(距 20♯风机约 400m)进行了避让,但无法避开关山草原风景名胜区,项目占用风景名胜区土地。项目涉及重要生态敏感区见表8-7。

表8-7 项目涉及重要生态敏感区一览表

名称		级别及批准文号	保护对象	项目相对关系	主管部门意见
自然保护区	陕西陇县秦岭细鳞鲑国家级自然保护区	国家级国办发[2009]54 号	秦岭细鳞鲑等水生生物及其生境	与项目区域交错,最近距离约 300m	/
森林公园	陕西省关山森林公园	省级陕林字[2004]578 号	森林植被	距离 20♯风机约 400m	/
风景名胜区	关山草原风景名胜区	省级陕政字[1999]32 号	自然景观	项目位于风景名胜区内	

三、地形地貌

项目区域属于陇山山地,为秦岭山脉组成部分,属于祁连秦岭地槽褶皱带的秦祁地轴。项目区域地形复杂多样,有山、塬、丘陵、沟壑、梁峁和河谷阶地,具有明显的第四纪早期古冰川残留遗迹,地质岩层主要为下古生界云质大理石、黑云母片麻石等。

四、河流水系

本项目区域属于渭河水系的千河流域,发源于甘肃省华亭县麻庵乡庙岭梁,从县境西部固关乡唐家河入境,至东风镇交界村出境入千阳县。横贯全县东西,境内流长68.8km。河床平均比降1∶135,河道宽阔,漫滩较多,流域面积1957.9km²,年径流量3.3亿立方米,多年平均流量5.6 m³/s。流域面积在100平方公里以上的有石关沟河、咸宜河、蒲峪河、大杜阳沟河、梨林河、峡口河、杨家河、苏家河等10条,本项目区域涉及的支流有咸宜河、蒲峪河、苏家河、石槽河。咸宜河发源于关山乡松林沟,于曹家湾乡流渠村入千河,长33.5km。流域面积163.2km²,平均流量1.04 m³/s。蒲峪河发源于关山乡麻沟,于天成乡韦家庄村注入千河,流长35.8km。流域面积176.3km²,平均流量1.12 m³/s。梨林河(亦称普乐河)其上游为八渡河。发源于八渡乡的碾盘村,于东风镇西沟村入千河,长37.6km。流域面积218.9km²,平均流量1.39 m³/s。

图 8-1　千河流域水系图

五、土壤类型

关山地区土壤以石渣土为主,中部千河谷地以淤土、潮土为主,千河两侧及北部丘陵以黄土为主。项目区域土壤类型主要有棕壤、白浆化棕壤、棕壤性土、褐土、新积土、粗骨土、山地草甸土等类型。应附项目调查区域土壤类型图。土壤类型统计表见表8-8。

表 8 - 8　土壤类型统计表

土壤类型	棕壤	白浆化棕壤	棕壤性土	褐土	新积土	粗骨土	山地草甸土	总计
面积（hm²）	1666.67	20.71	53.97	276.05	98.54	578.08	5.05	2698.97

六、土地利用现状

项目周边区域土地利用类型主要有林地、草地、住宅用地、水域和其他土地。土地利用类型统计表见表 8 - 9。应附调查区域土地利用现状图。

表 8 - 9　土地利用类型统计表

地物类型	林地	草地	住宅用地	水域及水利设施用地	其他土地	总计
面积（hm²）	2244.57504	347.26124	13.60333	26.79886	66.72871	2698.96720

七、植物资源现状评价

1. 植物区系及组成

本项目区植物区系属于泛北极植物区中国—日本植物亚区的华北地区的黄土高原亚地区。

项目周边区域因特殊地理位置及复杂地形，植物群落种类分布多样。根据关山当地林业部门和周边地区自然保护区、科研观测站调查的资料，周边区域有苔藓植物 2 科 2 种；蕨类植物 21 科 130 种（变种）；裸子植物 5 科 14 种；被子植物 108 科 908 种（变种）。其中，有约 19 种国家珍稀濒危、重点保护植物（名称略）。

2. 评价范围内植被类型及分布

根据《中国植被区划》的植被分类体系，评价在野外实地踏勘的基础上，结合工程沿线地表植被覆盖现状、植被立地情况和遥感解译的结果，评价区域自然植被类型主要包括落叶阔叶林、针阔叶混交林和亚高山草甸。

（1）典型植被概述

①落叶阔叶林：分布于海拔 1600m 以下，组成有建群种和优势种、灌木、藤本、林下阴生草本植物、阳生草本植物。1200 m 以下为关山下沿地带，由于靠近川道和人口密集区，森林植被受人为活动影响较大。仅在部分地区残存有较为成片的天然次生侧柏林，其余均为人工栽培树种等。农作物以冬小麦、玉米、豆类为主，一年一熟或两年三熟。

②针阔叶混交林带：分布于海拔 1600～2000 m 地区，为落叶阔叶林向高山草甸过渡地带，表现为温带气候特征，逐渐增加针叶树种。此外，有约 13 种国家珍稀濒危、重点保护植物在区域内均有分布，主要以零星分布为主。领春木（*Euptelea pleiospermum*）在局部区域分布较多，为优势种。

③亚高山草甸：海拔 2000 m 以上的关山顶部，是亚高山草甸自然景观，与黄土高原中东部草原区相接，属温带草原类型，很少有成片树林。

（2）植被样方调查

评价单位采用实地线路调查、布设样方等生态学野外调查方法，进行了典型植被调查，详见表 8 - 10、表 8 - 11。

表 8-10 典型样方调查表 1

样方特征因子		样地号	1			2		
		名称	白桦林样方			领春木林样方		
		位置	20#风机南侧			10#风机东北侧		
		经纬度	北纬 34°41′06″ 东经 106°35′43″			北纬 34°42′15″ 东经 106°33′04″		
		海拔	2177m			2199m		
		坡向	阳坡			阳坡		
		坡度	20			10		
		平均高度 m)	6			5		
		平均胸径 m)	10			12		
		郁闭度	0.5			0.3		
		总盖度%	80			50		
		样方面积 m²)	100			100		
		生物量 t/hm²)	123			/		
植被种类		类型	植物名称	多优度—群聚度	存在度	植物名称	多优度—群聚度	存在度
	乔木层		白桦 *Betula platyphylla Suk.*	3	Ⅲ	领春木 *Euptelea pleiospermum*	2	Ⅱ
			榆树 *Ulmus pumila*	+	Ⅰ	色木槭 *Acer mono Maxim*	1	Ⅱ
						白桦 *Betula platyphylla Suk.*	+	Ⅰ
	灌木层		腊梅 *Chimonanthus praecox (Linn.) Link*	3	Ⅲ			
	草本层		蛇莓 *Duchesnea indica*	4	Ⅳ	蛇莓 *Duchesnea indica*	5	Ⅴ
			毛茛 *Ranunculus japonicas*	2	Ⅰ	毛茛 *Ranunculus japonicas*	2	Ⅰ
			火绒草 *Leontopodium leontopodiodes*	+	Ⅰ	天蓝苜蓿 *Medicago lupulina*	+	Ⅰ

表 8-11　典型样方调查表 2

样方特征因子	样地号	3		
	名称	山顶草地样方		
	位置	10♯风机东北侧		
	经纬度	北纬 34°42′15″ 东经 106°33′04″		
	海拔	2199m		
	坡向	阳坡		
	坡度	10		
	平均高度(m)	0.05		
	总盖度%	90		
	样方面积(m²)	10		
	生物量(t/hm²)	14		
类型		植物名称	多优度-群聚度	存在度
植被种类	乔木层	无		
	灌木层	无		
	草本层	蛇莓 *Duchesnea indica*	4	IV
		天蓝苜蓿 *Medicago lupulina*	3	II
		火绒草 *Leontopodium leontopodiodes*	+	I
		毛茛 *Ranunculus japonicas*	+	I
		一年蓬 *Erigeron annuus*	+	I
		委陵菜 *Potentilla chinensis*	+	I

（3）植被遥感解译

本次调查结合样方调查结果,选取调查区域 2013 年 10 月美国 Landsat 8 影像数据,运用地学分析法建立地物原型与卫星影像之间的直接解译标志,通过非监督分类和人工解译相结合,对整个图层进行编辑处理,统计结果见表 8-12。应附调查范围植被类型图。

表 8-12　植被类型统计表

植被类型	面积(hm²)	占评价区总面积比例
林地	2244.58	86.6%
草地	347.26	13.4%
合计	2591.84	100%

3. 植被生物量及自然体系生产力

（1）植被生物量

根据实地样方调查，并查阅相关资料，确定评价区域内各植被类型的平均生物量取值，具体见表 8－13。

表 8－13　评价区各植被类型平均生物量

植被类型	油松林	华山松林	桦木林	栎类	针阔混交林	草地
平均生物量（t/hm²）	89	72	123	89	94	14

注：各植被类型平均生物量参考[165-167]。

由于项目区域松树、桦树、栎树林交错分布，林地生物量按针阔混交林计算，根据卫片解译，统计各植被类型的面积，计算出评价范围内生物量总量，具体见表 8－14。

表 8－14　评价范围内生物量统计

植被类型	面积（hm²）	平均生物量（t/hm²）	生物量（t）	占生物总量比例
针阔混交林	2244.58	94	21110.52	81.28
草地	347.26	14	4861.64	18.72
合计	2591.84	/	25972.16	100

（2）自然体系生产力分析

在对评价区植被生产力进行评价时，主要根据评价范围内不同植被的平均净初生产力（NPP）来推算评价范围平均净生产力，其计算公式为：

$$Sa = \sum (Si \times Mi)/Ma \tag{8-1}$$

式中　Sa——评价范围平均净生产力（$gC/(m^2 \cdot a)$）；

　　　Si——某一植被类型平均净生产力（$gC/(m^2 \cdot a)$）；

　　　Mi——某一植被类型在评价区的面积（m^2）；

　　　Ma——评价范围总面积（m^2）。

评价范围内各植被类型自然生态系统生产力[166]情况见表 8－15。可以看出，华山松林平均生产力最高，因此，项目位置选择应当尽量避免占用生产力较高的林区。

表 8－15　评价区各植被类型自然生态系统生产力一览表

植被类型	油松	华山松	栎类	桦类	疏林地	灌木林
平均净生产力（t/(hm² · a)）	3.6	10.2	7.3	8.9	4.9	9.6

4. 名木古树和珍惜植物资源

项目所在区域植被资源丰富，评价区域内分布有多种国家重点保护的珍稀植物，但是由于本项目拟建区域为人类活动较多区域，该区域常年有人居住、放牧，林地主要为次生林，植被资源丰富度较低。现场勘查时，项目永久占地和临时占地初步选定区域未发现国家一、二级保护植物和挂牌名木古树。项目西侧风机周边有较多的领春木等三级保护植物分布。

由于项目所在区域为植被资源丰富区，在最终选址确定时，应当对划定拟建区域植被资源进行详查,针对不同种类的植被采取避让等相应保护措施。

八、野生动物资源现状评价

1. 野生动物区系及组成

根据中国动物地理区划,项目区野生动物区划属于古北界—华北区—黄土高原亚区。由于秦岭属于古北界和东洋界的分界线,区域内同时存在有东洋界动物。项目区域人类放牧区域较大,野生动物主要为小型兽类、鱼类、爬行类和鸟类以及啮齿类。

2. 评价范围内野生动物资源概况

本次评价参考《中国秦岭生物多样性的研究和保护》(沈茂才主编,科学出版社出版),陕西陇县秦岭细鳞鲑自然保护区、关山林场、关山森林公园等机构提供的野生动物调查资料,并结合野外踏勘、调查走访所获得的信息进行综合分析,评价区域内有鱼类 3 目 4 科 17 属 18 种(亚种);原生动物主要有 11 属;轮虫有 9 属;甲壳动物有枝角类的有 4 属,桡足类有 2 属;水生昆虫 8 属;两栖动物有 5 种,隶属 1 目 2 科 2 属;爬行动物 11 种,隶属 3 目 4 科 9 属;鸟类 109 种,隶属 9 目 28 科 61 属;哺乳类动物 46 种,隶属于 6 目 21 科 41 属。

九、景观质量现状评价

1. 景观要素的识别与分类

本次评价采用各种植被类型和土地利用类型等作为生态景观体系的基本单元即缀块进行景观分析。在自然体系等级划分中,评价区主要由两部分组成,即森林生态系统和草原生态系统组成的自然景观生态;关山草原景区、关山森林公园等设置的旅游设施和放牧区域及生态旅游区域相间组成的半自然景观生态。

项目区域草原、森林覆盖率较高,旅游开发人为活动影响较弱,因此景观构成以自然景观生态为主。

2. 模地分析

模地是景观的背景区域,它在很大程度上决定了景观的性质,对景观的动态起着主导作用。本次评价区内模地主要采用传统的生态学方法来确定,即计算组成景观的各类缀块的优势度值(Do),优势度值大的就是模地,优势度值通过计算评价区内各类缀块的重要值的方法判定某缀块在景观中的优势,由以下 3 种参数计算出:密度(Rd)、频度(Rf)和景观比例(Lp)。

其中:密度(Rd)=缀块 I 的数目/缀块总数×100%;

频度(Rf)=缀块 I 出现的样方数/总样方数×100%;

景观比例(Lp)=缀块 I 的面积/样地总面积×100%。

优势度值(Do)=$[(Rd+Rf)/2+Lp]/2×100\%$。

本次景观评价缀块种类的选择参照评价区内土地利用类型的分类,景观频度评价时,在评价范围卫片上选择 400 个小样方,均匀覆盖整个评价范围,统计各类缀块出现的小样方数,并对每个样方进行统计分析,计算出评价区内各类缀块优势度值见表 8-16。

表 8 - 16　评价区各类缀块优势度值一览表

缀块类型	Rd(%)	Rf(%)	Lp(%)	Do(%)
草地	13	18	12.9	14.2
林地	85	76	83.1	81.8
水域	0.2	0.7	1.0	0.7
建设用地及其他用地	1.8	5.3	3.0	3.3

3. 景观质量特点分析

本项目区域主要由森林生态系统、草原生态系统、以旅游区为主的城镇生态系统组成,受人为活动影响较小。从各类拼块的相关景观指数统计数值分析可知,评价范围内森林面积大,优势度高,可以确定为评价范围内的模地。草地和建设用地相对较为集中,因此出现频度较高,其优势度值相对较高。

综合分析,本项目区域生态景观格局自然成分比重较高,具有较强的自然属性,整体景观结构基本和谐,景观单元内的各类景观要素比较齐全。

十、水土保持现状分析

1. 项目区域水土流失现状及"三区"划分

场址地处陇县西南部关山土石山区,项目区为水土流失轻度侵蚀区,侵蚀类型主要为水蚀,场址区内水土流失程度较轻,同时考虑到项目区植被覆盖程度高,综合考虑,确定项目区侵蚀背景模数为 $300t/km^2 \cdot a$。根据《土壤侵蚀分类分级标准》,本区属西北黄土高原区,土壤容许流失量为 $1000t/km^2 \cdot a$。

根据《全国水土流失重点防治区划分公告》和《陕西省人民政府关于划分水土流失重点防治区的公告》,本工程区属于国家级重点预防保护区(六盘山预防保护区)、省级重点治理区(渭北高原沟壑重点治理区)、陇县关山土石山微度流失封育区。

2. 评价范围内水土流失现状

评价结合调查走访结果,借助 GIS 解译,统计出评价范围内水土流失现状见表 8 - 17。应附土壤侵蚀类型图。因此,评价范围水土流失以微度水蚀为主。

表 8 - 17　评价范围水土流失现状表

土壤侵蚀程度	微度侵蚀	轻度侵蚀	中度侵蚀	强烈侵蚀	总计
面积(hm²)	222.2	39.7	5.4	2.5	269.8
比例(%)	82.4	14.7	2.0	0.9	100

<h1 align="center">8.8　生态环境影响预测分析</h1>

一、生态功能区划协调性分析

根据《全国生态功能区划》(环境保护部、中国科学院公告,2008 年第 35 号)、《陕西省生态功能区划》(陕政办发[2004]15 号),本项目所在地属于关山水源涵养区,该区域为渭河谷地农业生态区的三级分区。生态功能区主要生态功能为水源涵养与水土保持,防治水土流失与水源涵养是主要工作内容之一。本项目经过路段专用的土地类型主要以草地、林地为主,沿山地形主要为山岭重丘区,会破坏一定数量的森林和草原植被,造成一定的水土流失,在实行严格的林地占用补偿措施及生态保护措施的情况下,对区域森林、草原生态系统水源涵养功能影响很小,也不会造成石漠化和荒漠化状况的加剧。综上所述,可以认为本项目施工、运营对生态功能区影响很小,与生态功能区保护要求总体协调。

二、对重要生态敏感区的影响分析

1. 对陕西陇县秦岭细鳞鲑国家级自然保护区的影响分析

（1）成立依据

2009 年 9 月 18 日,国务院办公厅以《国务院办公厅关于发布吉林松花江三湖等 16 处新建国家级自然保护区名单的通知》(国办发〔2009〕54 号)批准陕西陇县秦岭细鳞鲑国家级自然保护区。

（2）保护区概况

保护区位于渭河北岸千河流域和长沟河流域的关山山区。地处秦岭、六盘山和黄土高原的交接地带,具有明显的第四纪早期古冰川残留遗迹。在动物区系中处于华北、蒙新、青藏、华中、西南五区交汇地带,是动物种类较为复杂的过渡区。由于地形、气候、水文、地质地貌、植被、土壤等自然环境复杂多样,形成了典型的生态结构较为原始的山地森林溪流型淡水生态系统,成为国家Ⅱ级保护水生野生动物秦岭细鳞鲑、水獭等多种珍稀水生野生动物的繁殖栖息地,尤其以秦岭细鳞鲑的分布独具特色,已形成了稳定的生态种群,是目前我国秦岭细鳞鲑资源分布最为集中的区域。

东至八渡河高楼,西连长沟河陕甘交界的马鹿河,南到长沟河一级支流苏家河支流仓房沟发源地,北接千河上游陕甘交界。以千河和长沟河主河道及其支流两岸岸坡最高历史水位线划定保护区范围(地理坐标为东经 106°26′32″～107°06′10″,北纬 34°35′17″～35°08′16″),保护区总面积 6559 hm²,其中核心区 1376hm²,缓冲区 3197hm²,实验区 1986hm²。

（3）与项目位置关系

项目建设对保护区采取严格的避让措施,风机全部设置在山脊上,与保护区河道最近直线距离约 400m;配套道路(包括施工临时道路和检修永久道路)在利用已有道路的基础上,新建道路主要沿分水岭选线,不占用保护区土地。

（4）对保护区的影响分析

项目选址不在保护区范围内,但是距离保护区距离较近。为避免对保护区造成不利影响,环评要求采取以下保护措施:

①施工道路选线过程中尽可能远离水系;

②道路施工过程中须考虑对水源地影响,施工道路尽可能沿分水岭布设,在部分路段为避开陡坡沿上坡布设时,不得破坏山坡上的泉眼,并为其预留过水通道;

③严禁在施工和运营期向河道内倾倒垃圾,排放污水及其他影响河道环境的行为;

④施工及运营过程中要加强对员工的教育,采取有效措施对相关人员进行约束,严禁任何人进行捕捞鱼类等影响周边环境的行为。

在采取以上措施后,项目建设、运营对陕西陇县秦岭细鳞鲑国家级自然保护区的影响在可接受范围内。

2. 对关山草原风景名胜区的影响分析

（1）成立依据

1999年5月陕西省人民政府《关于公布第四批省级风景名胜区的通知》（陕政字［1999］32号文）批准关山草原风景名胜区为省级风景名胜区。

（2）景区概况

关山草原风景名胜区位于陕西、甘肃两省接壤的宝鸡市陇县西南部，地处关山山脉（又称陇山山脉）的南端。地理坐标为东经东经106°31′57″～106°36′30″，北纬34°41′40″～34°45′33″。景区总体规划面积为5716.26公顷，规划重点为修建性详细规划涉及的五个功能分区核心节点、两个主入口与一个生态型农家乐旅游乡村，合计面积为891.8公顷。

陕西省关山草原旅游区是以视觉主导的亚高山（1990～2200米）环境下的草原（为主）—森林—山峦—谷地—湿地原生态环境景观与以意境主导的秦文化为源头的汉唐牧马—丝路—隘道文化和体现当地地域文化特色的西府文化景观的二元旅游区结构。

景区规划建设综合服务和牧场体验区、中国皇家牧马文化主题旅游区、度假与怡情区、激情旅游区、冬季滑雪场等旅游区，目前仅综合服务和牧场体验区部分建成并投入使用。

（3）与项目位置关系

本项目大部分风机、检修道路位于景区范围内。规划设置的风机机位均不在规划中的景区核心区范围内。

（4）不能避让的理由

项目风机机位选择根据风能能量分布为基础确定，最终方案风机沿风景名胜区东部及南部布设，已经避开已开发的核心景区和规划中的主要景点。如果完全避开风景名胜区，则需要将风机分别向南侧及东侧移动约1～2km距离，根据GIS解译卫片和现场勘查，移动后的区域主要以林地为主，与推荐方案比较，山势坡度更大，森林覆盖率更高，动植物资源更加丰富，因此，从生态及经济角度均不利于项目建设。

本项目风机及道路选址已征得风景名胜区区经营管理单位的同意。

（5）对风景名胜区的影响分析

①与相关法律法规的符合性分析（略）

②对景区规划的影响：本项目不会破坏现有景点，对景区景观资源扰动较小。项目方案已征求了风景区经营单位的意见，经营单位已同意项目方案。

③对土地资源的影响分析：项目建设将占用景区土地，对景区内土地资源产生一定影响。由于工程完工后，吊装场地等施工临时占地将进行生态恢复，部分检修道路可作为景区内交通使用，故不会对景区土地利用产生较大影响。

④对植物资源的影响分析：项目施工建设占地占用景区土地，造成景区内植物资源减少。项目建设过程中，道路建设主要采取已有道路改造的基础上进行；建设完成后，临时占地将进行生态恢复，对永久占地采取生态补偿措施，对植物资源的影响尚可接受。

⑤对动物资源的影响分析：项目涉及区域受牧民放牧、旅游开发等人为扰动，野生动物稀少，现场勘查过程中，未发现国家或省级保护动物及其栖息和繁殖地，小型动物数量亦较少。项目风机及道路影响范围有限，周边植被茂盛，崖坡遍布，可替代生境多样，因此，项目建设对野生动物影响轻微。

⑥对景观影响分析。

A.景观生态敏感性分析：项目区域位于关山风景区的东部和西部。本次评价通过分析景观敏感度、景观阈值指标，从而确定项目区景观质量等级，预测工程影响性质和程度。

a.景观敏感性：采用视频、视距、相对坡度、醒目程度、自然程度5个指标综合分析，各指标的敏感程度，采用1、2、3分担计分方式（1分敏感性最低，2分次之，3分敏感性最高）区分，计算得出项目区景观敏感性综合指标，详见表8-18。

b.景观阈值：景观脆弱度越高，景观对外界干扰的抵抗能力以及景观遭到破坏后的自我恢复能力越低。景观阈值取决于景观生态、景观地质地貌，景观土地利用和景观视觉等四个因素。采用上述记分方式对风景名胜区景观进行评价，详见表8-19。

表8-18　项目区景观敏感性评价表

序号	评价指标	评价依据	评分标准	本项目得分
1	视频	繁忙道路干线,航道附近或娱乐场所周围,经常受到关注	3	2
		普通道路、航道附近,旅行穿越区域频率一般,受关注程度一般	2	
		偶尔收到关注	1	
2	视距	0～400m	3	3
		400～1200m	2	
		＞1200m	1	
3	相对坡度	90°～60°	3	2
		60°～30°	2	
		30°～0°	1	
4	醒目程度	比较强烈,反差显著	3	1
		对比一般,有反差	2	
		反差不大	1	
5	自然程度	物种丰富,自然程度较高	3	3
		自然程度保存较完整,有一定的人为改造	2	
		人为改造处于主要地位	1	
6	合计			12

表 8-19 项目区景观阈值评价

序号	评价指标	评价依据	记分	项目得分
1	坡度	陡坡>55%	3	2
		缓坡25%~55%	2	
		相对平坦0~25%	1	
2	坡向	南向	3	2
		东向或西向	2	
		北向	1	
3	土壤稳定性	严重侵蚀极不稳定且复原力较差	3	2
		土壤侵蚀稳定度和复原力居中	2	
		土壤侵蚀较弱,相对稳定并有良好的复原力	1	
4	植物丰富性	荒地、草地与灌木	3	1
		针叶林、乔木、田野	2	
		多种植物	1	
5	植被再生力	弱	3	3
		中	2	
		强	1	
6	土壤/植被色彩对比	裸土与相邻植被具有强烈的视觉对比	3	2
		裸土与相邻植被(荒地、田野)中度对比	2	
		裸土与相邻植被对比较弱	1	
7	土壤/岩石色彩对比	裸土与岩石具有强烈对比	3	2
		裸土与岩石中度对比	2	
		裸土与岩石对比较弱	1	
8	地形起伏	大	3	3
		中	2	
		小	1	
9	视觉范围	大	3	1
		中	2	
		小	1	
10	相对高度	大	3	2
		中	2	
		小	1	
11		合计		20

c.景观质量:根据项目区景观敏感性和景观阈值脆弱度,将经过环境质量确定为三个等

级。一级为强度脆弱区,轻度或局部的人为活动都可能对景观带来强烈的或大面积的冲击,而且工程造成的破坏极难恢复;二级为中度脆弱区,能过容忍轻度人为扰动,但工程活动结束后恢复速度较慢;三级为轻度脆弱区,能够容忍强度较大的人类活动,工程结束后恢复速度较快,详见表 8 - 20。

表 8 - 20　景观环境质量等级区划表

景观敏感度分值	≥15	6～14	≤5
景观阈值分值	≤10	11～30	≥30
景观环境质量等级	I	II	III

通过对景观敏感性和景观值域进行分析,拟建项目区域关山风景名胜区景观敏感性得分为 12 分,景观阈值得分为 20 分,景观环境质量等级为 II 级,即中度脆弱,能够容忍轻度人类活动;有一定的外界干扰(特别是人为干扰)的忍受能力、同化能力和遭受破坏后的自我恢复能力,项目建设对景观的破坏作用在可接受范围内。

B. 视觉敏感性分析

项目区域与已开发的店子上等景区之间受山体和植被等遮挡,位于景区视线之外,项目建设不会对目前已开发景区产生视觉影响;项目部分风机距离规划中的皇家牧马文化体验区距离较近,且风机相对高度较高,山体和植被不足以阻隔视线,会对视觉产生一定的影响。由于风机作为一种特殊景观,对于大部分游客是可接受的,同时通过植被恢复等措施,风机与周边景观协调性较好,可以缓解视觉冲击。

(6)主管部门意见

风景区管理机构原则同意项目建设方案。

(7)小结

拟建项目位于关山草原风景名胜区范围内,项目不在目前已开发的核心景区的可视范围之内;项目部分风机距离规划景点距离较近,但其未开发;项目区景观有一定的对外界(特别是人为干扰)的忍受能力、同化能力和遭受到破坏后的自我恢复能力,项目建设对景观的破坏作用较小;通过景观恢复和施工期管理等,能够缓解工程建设对景区造成的影响。

3. 对关山森林公园影响分析

(1)公园概况

关山森林公园位于宝鸡市陇县境内,地跨关山梁两侧。南距宝鸡市市区 111 公里,东距陇县县城 35 公里,东西长 17 公里,南北宽 12 公里。地理坐标介于东经 106°31′16″～106°42′53″,北纬 34°36′06″～34°44′19″,总面积 12 862 公顷。关山森林公园属土石山地地貌,地形复杂多样,地势中间高、南北两侧低走向,海拔高度 1420～2228m,相对高差 808m。园内有海拔 2000m 以上的山峰 40 多座,山岭重叠,沟壑深长,山崖陡峻,峡谷纵横。

关山森林公园包括向阳川、八龙潭、苏家河三个景区,可开展生态观光、休闲度假、消夏避暑、游憩娱乐及其他科学、文化、教育活动,是具有多种功能的山岳型森林生态旅游胜地。现已建成向阳川口公路大桥 1 座,园内林区公路已延伸至各个景区,各景点均有人行步道可供通行。

(2)与项目位置关系

经过调整优化的建设方案完全避开关山森林公园,其中距离公园最近的风机位于其南侧约 400m 处。

(3)对森林公园影响分析

项目选址对森林公园采取避让措施,在采取严格环境保护措施的情况下,对森林公园影响较小。

三、植物资源的影响分析

1. 对植物种类和区系影响分析

工程永久和临时占用土地将完全损毁原有的植被类型,其上生活着的植物将被清除,施工区临近区域的植被也将受到一定程度的损毁。根据植被现状调查结果表明,拟建项目区域植被以草地和天然次生林为主,区域自然植物群落结构较为简单,主要植物物种均为区域内常见种,风电场建设不会导致评价区植物种类减少,也不会造成区域植物区系发生改变。

由于区域海拔较高,现场调查没有发现典型的外来入侵植物,因此,在采取必要措施情况下,项目建设不会导致入侵植物显著入侵。

因此,项目建设对周边植物种类及其分布均不会造成太大的影响,对区域植物物种多样性的影响较小。

2. 植被生物量及自然体系生产力影响分析

本项目对区域自然体系生产力及植被生物量的影响主要是由于工程占地,特别是永久性占地引起的。工程建成后造成各种拼块类型面积发生一定变化,从而导致区域自然体系生产力及植被生物量发生相应改变,对生态系统完整性产生轻微影响。本项目建设完成后,评价区域植被生物量变化具体情况见表 8-21。

表 8-21 评价区域植被生物量变化统计表

植被类型	工程占用植被面积(hm²)	平均生物量(t/hm²)	生物量变化(t)
针阔混交林	2.54	94	238.76
草地	10.19	14	142.66
总计	12.73	/	381.42

注:评价未考虑工程完工后植被恢复措施产生的影响

可以看出,工程建设完成后,各种被占用的土地类型都变成没有生产能力的建设用地,项目建设对区域自然生产力也有轻微影响,但对区域整体自然体系生产力的影响在可承受范围之内。

3. 对保护植物的影响

从植被现状调查结果可知,拟建项目周边区域分布多种国家保护植物,但项目拟建区域由于受人为干扰较大,主要为次生林,未发现国家二级保护植物和挂牌名木古树,西部风机周边有较多的三级保护植物领春木(*Euptelea pleiospermum*)分布。领春木是第三纪古老子遗植物,领春木科为东亚植物区系的特征科,在研究东亚植物区系的形成历史和发展变化等方面具有重要的学术价值,在被子植物系统演化研究上也具有重要的价值。如果发现,建议予以移栽。

4. 对植物和植被资源的影响结论

项目建设需要占用一定的植被面积,所涉及的植被类型中附近区域广泛分布,项目建设对评价区植被的类型和面积影响有限。项目建设对植物的影响主要是对其生境的影响,所涉及到的植物种类在评价区广泛分布,对其数量和重量的影响较小。

四、动物资源的影响分析

1. 对兽类的影响分析

项目区域施工活动将干扰兽类动物的栖息和觅食,它们不会再项目附近分布活动,因此在项目施工期没有国家级和省级重点保护兽类动物分布,项目的施工将不会对兽类动物造成大的直接影响。

在项目的施工期会对哺乳类的生境造成一定程度的破坏,由于项目施工的噪声、频繁的人为活动会对兽类动物造成驱赶,使得在项目区中分布的兽类动物迁移到项目区以外以避免项目施工所导致的不良影响和伤害,所以,在整个施工期,哺乳动物的种类和数量在项目区域内会锐减。

在项目的运营期,兽类动物会返回原分布地,项目区内兽类动物的种类多样性会得到恢复,种类数与项目实施前相比变化不大。但种群数量一般会比项目实施前减少,所减少的种群数量与项目实施占用的林地成正的相关关系,根据项目区域内动物的生活特性,减少的绝大多数应当为啮齿动物。

2. 对鸟类的影响分析

(1)施工期对鸟类的影响分析

项目施工期对鸟类的影响主要表现为:

①施工人员的施工活动对鸟类生境的干扰和破坏;

②施工人员的生活活动对鸟类栖息地生境的干扰和破坏;

③施工机械噪声对鸟类的栖息地声环境的破坏和机械噪声对鸟类的驱赶;

④施工人员对鸟类的捕捉;

⑤施工中对鸟类的栖息地小生境由于施工过程中砍伐树木对鸟类巢穴的破坏。

上述对鸟类的主要影响,其结果将使得大部分鸟类迁移它处,远离施工区域范围;小部分鸟类,主要是地栖和灌木林栖鸟类会由于栖息地的破坏而从项目区消失,繁殖季节施工可能会使部分鸟类由于巢穴的被破坏而减少。故在大范围内鸟类的种类多样性和种群数量不会发生大的变动。

由于资料显示项目周边分布有雉科保护鸟类,如果项目工程占用到他们的栖息地,则对他们的影响较大,特别是在他们的繁殖季节。施工对猛禽保护鸟类没有大的直接影响,但需要注意它们的繁殖季节。

总之由于大多数鸟类会通过飞翔,短距离的迁移来避免项目施工对其造成伤害,故项目施工对鸟类总的影响不大。

(2)运营期对鸟类的影响分析

项目运营期对鸟类的影响主要包括对鸟类迁徙影响、撞击影响、噪声对鸟类影响等方面。

①对鸟类迁徙的影响。

本项目运营期可能对周边区域鸟类迁徙产生影响,根据有关专家对欧亚非三大洲鸟类迁徙的资料研究表明,这三大洲鸟类的迁徙有五大"通道",我国候鸟有三大迁徙路线:一是西部路线,在干旱草原地带包括内蒙古、甘肃、青海等省区的候鸟,主要沿青藏高原向南迁徙到达四川以及更南部的云贵高原,我国西藏地区的候鸟有一部分飞到印度去越冬;二是中部路线,包括内蒙古东部、华北西部以及陕西省,候鸟主要沿着太行山、吕梁山越过秦岭、大巴山飞到四川以及华中、华南地区去越冬;三是东部沿海地区,我国东北、华北的候鸟主要沿着这条路线飞到华东、华南地区,有些甚至飞到东南亚,更远的飞到澳大利亚。项目区域不是鸟类迁徙的主要通道。

本项目占地范围较小,用地范围内不是鸟类的主要栖息地和觅食地,且鸟类本身有躲避障碍物的本能,一般会在远离障碍物100～200m的安全距离外活动。预计本项目运营不会对鸟类迁徙造成明显影响。

②对鸟类撞击影响

项目拟选风机叶片扫动的最高高度约为120m左右,最低高度约为40m左右,迁徙飞行的候鸟飞行高度一般在200m以上,因此风机对迁徙候鸟的撞击威胁较小。雉类等地栖鸟类飞行高度一般不超过30m,猛禽类视觉敏锐,反应机警,且风机转速相对较低,因此发生鸟撞击风机致死可能性很小。虽然存在鸟类撞击风险,但是目前已建成的风电场没有大量鸟类撞击风机致死的报告。

③噪声对鸟类的影响

风力发电机运转时产生噪声对鸟类栖息产生驱赶和惊扰,这种影响主要影响留鸟。建设单位应当选用低噪声设备,尽量将噪声影响降到最低。

综上,项目建设、运营对鸟类会产生一定的影响,根据目前已有资料,影响在可接受范围内。项目运营期应当加强对鸟类影响观测,如出现鸟类伤亡事件,应当及时上报主管部门,联系相关鸟类专家进行调查分析,并采以便取必要措施。

3. 对爬行动物的影响分析

项目工程施工不可避免会对爬行动物造成一定的直接和间接影响,施工期会对爬行类的生境造成一定程度的破坏,由于项目施工的噪声、频繁的人为活动会对爬行动物造成驱赶,使得在项目区中分布地爬行类动物大量迁移到项目区以外以避免项目施工所导致的不良影响和伤害,所以在整个施工期爬行动物的种类和数量在项目区域内会锐减,其影响到大小主要取决于对爬行动物的栖息生境如灌丛、草地、溪流等的占用率和对爬行动物栖息生境的破坏程度,特被是在繁殖季节对爬行动物的交配、产卵和孵化等的影响最大。

项目施工期对爬行动物的影响主要为:

①施工人员的施工活动对爬行类栖息地生境的干扰和破坏;

②施工人员的生活活动对爬行动物栖息地生境的干扰和破坏;

③施工机械噪声对爬行动物的栖息地声环境的破坏和机械噪声对爬行动物的驱赶;

④施工人员对爬行动物的捕捉;

⑤施工中对爬行动物的栖息地小生境的破坏。

总之由于大多数爬行动物会通过迁徙来避免项目施工对其造成伤害,所以施工对爬行动物的影响不大。项目运营过程中对爬行动物影响甚微。

4. 对鱼类及两栖动物的影响分析

项目周边的水体及其50年一遇洪水水位线以下区域均为关山秦岭细鳞鲑国家级自然保护区保护范围,施工过程中对其采取严格的避让等保护措施,施工对鱼类和两栖类基本无影响。

5. 工程阻隔影响分析

项目检修道路建设使得动物的活动领域被分割,使其生境破碎化。由于项目拟建检修道路路面较窄,且基本不进行硬化处理,仅对小型兽类、爬行类和两栖类产生轻微影响。

五、工程建设对评价区域景观环境影响分析

1. 景观影响方式

项目建设对景观环境的影响方式主要体现在两个方面:

①项目区域内原有景观具有良好的连续性,但是,项目检修道路建设将切割地表,并形成廊道效应,导致基地破碎化,景观斑块数量增加,景观连通性降低;

②风机等具有强烈人为性、硬质性的工业特征的景观,若设计或选址不当,必将对原生性、柔质性的景观环境带来负面影响。

2. 景观格局影响评价

由于本项目风机以点状分布,检修道路狭窄,占地面积小,对景观基底、斑块到种类基本无影响,面积影响轻微,因此工程实施前后各景观斑块的优势度地位没有发生明显变化,对区域内景观的生态环境影响轻微。

3. 视觉景观影响评价

风机由于相对高度较高,会产生一定的视觉冲击;工程临时占地植被恢复过程中如果设计不当,将会对评价区景观产生负面影响。

六、项目对周边生态环境的稳定性评价

项目实施后,整个陆生生态系统的功能没有受到破坏区域内兽类、鸟类、爬行类和两栖类、鱼类的物种组成和区系组成没有改变,仅仅是部分动物物种对工程的回避和迁移。植物有部分个体会因为工程的永久占地和临时占地而被砍伐,动物的生境会因此有所减少,植被的覆盖度和生物量会有所下降,但是植物的物种数量没有减少,植物在该区域内的区系组成没有改变,植物类型没有因此而减少,也没有动物生境类型的减少。

区域的地形、地貌没有因为工程的实施而发生改变,区域的地质类型、地貌类型、大的坡向等没有变化,区域植被的总体盖度和密度也没有大的(质的)变化。

生产者的生产力指数、光合效率、叶面指数等都没有因为工程而发生变化,仅仅是区域的生物量有所下降。生态系统演替进展、植被覆盖类型、植被年龄等级分布、树木再生情况等都没有因工程而发生变化。有机物质分解率,有机质腐烂速度和土壤有机层深度等都没有因为工程而发生变化。

土地利用类型和所占比例因为工程的实施有所变化,但变化程度不大。因此从总体来看,工程的实施对区域生态系统有一定程度的有限影响,但对于区域生态系统的稳定性没有大的制约性影响。

七、水土流失影响分析

1. 水土流失预测

(1)防治责任范围

本项目防治责任范围共计 52.87hm²。其中,项目建设区 32.18hm²,直接影响区 20.

69hm²。将项目区划分为风机及箱变施工防治区、升压站防治区、集电线路防治区、施工生产生活防治区和道路工程防治区。

（2）水土流失预测结果

工程建设扰动地表面积为 32.18hm²，工程损坏水土保持设施面积为 32.18hm²，本项目土石方动迁量为 95.15 万 m³，共开挖土方 46.75 万 m³，共回填土方 48.40 万 m³，外借方 1.70 万 m³，弃方 0.05 万 m³。本工程建设可能造成的水土流失总量为 1245t，可能产生新增水土流失量 894t。

（3）水土保持措施总体布局

水土保持方案水土流失采取分区防治措施，共设 5 个防治区，分别为风机及箱变施工防治区、升压站防治区、集电线路防治区、施工生产生活防治区和道路工程防治区。

①风机及箱变施工防治区

设计采取的措施：

- 施工前对施工场地进行表土剥离，所剥离表土临时堆存于吊装场地四角，对临时剥离土方进行苫盖拦挡和临时排水；
- 施工期间对开挖临时堆土和施工面进行拦挡、苫盖、排水防护和洒水防尘；
- 施工结束后，对临时施工场地和吊装场地进行表土回填、土地平整和绿化。

②升压站防治区

设计采取的措施：

- 施工前对拟绿化场地进行表土剥离，所剥离表土临时堆存于绿化场地一侧，对临时剥离土方进行苫盖拦挡和临时排水；
- 施工期间对开挖临时堆土和施工面进行苫盖和拦挡防护；
- 修建站场内外排水系统和集水设施；
- 施工结束后，对站内空地、道路两侧进行整地绿化。

③集电线路防治区

设计采取的措施：

- 对施工场地进行表土剥离，所剥离表土临时堆存于场地一侧；
- 施工期间对临时开挖土方进行临时苫盖和洒水防尘；
- 施工结束后，对临时占地进行土地平整和绿化。

④施工生产生活防治区

设计采取的措施：

- 施工前对施工场地进行表土剥离，所剥离表土临时堆存于施工生产生活区四角，对临时剥离土方进行苫盖、拦挡、洒水防尘、临时排水和蓄水；
- 施工期间加强对场地内苫盖、拦挡和排水防护措施；
- 施工结束后，拉走建筑垃圾至垃圾处理站，对施工临时占地回填表土，平整土地和绿化。

⑤道路工程防治区

设计采取措施：

- 施工期间加强洒水措施，对临时堆土进行临时苫盖；
- 修建道路截排水、集水设施和坡面排水设施；
- 进行道路边坡和道路两侧绿化。

2. 水土保持监测

本工程监测从工程施工准备期开始至设计水平年结束并考虑监测两个完整水文年,监测时段共计 2 年。

本项目水土保持监测范围包括项目建设区和直接影响区,面积为 52.87hm²。监测方法采取定位监测与实地调查、巡查监测相结合的方法。对水土流失量进行定点、定位的地面观测;对工程区水土流失面积、水土流失危害、水土保持设施运行情况等采用调查法进行监测。

水土保持方案共设置 8 个扰动后水蚀监测点、1 个水蚀背景值监测。实地巡查、调查监测在施工准备期和施工期结每月监测一次。

定位监测主要包括水土流失背景值监测和扰动地表后水土流失量监测,监测频次为每月监测一次,同一监测小区应至少保证三个月以上的监测时段,水蚀监测在每日降雨量大于 50mm、每小时降雨大于 20mm 时增加监测次数。

8.9　生态保护措施及建议

一、重要生态敏感区措施与建议

1. 陕西陇县秦岭细鳞鲑国家级自然保护区保护措施与建议

(1)设计阶段

本项目选址对保护区采取严格的避让措施,尽可能远离保护区,最大限度减少对保护区的影响。

(2)施工阶段

①严格控制施工范围,严禁车辆随意下道行驶,防止施工车辆误入保护区;

②道路施工过程中须考虑对水源地影响,施工道路尽可能沿分水岭布设,在部分路段为避开陡坡沿上坡布设时,不得破坏山坡上的泉眼,并为其预留过水通道;

③严禁在施工和运营期向河道内倾倒垃圾,排放污水及其他影响河道环境的行为;

④施工及运营过程中要加强对员工的教育,采取有效措施对相关人员进行约束,严禁任何人进行捕捞鱼类等影响周边环境的行为。

2. 关山森林公园保护措施与建议

(1)设计阶段

本项目选址对森林公园采取避让措施,最大限度减少对公园的影响。

(2)施工阶段

①严格控制施工范围,严禁车辆随意下道行驶;

②严禁在施工和运营期向森林公园内倾倒垃圾,排放污水及其他影响环境的行为;

③施工及运营过程中要加强对员工的教育,采取有效措施对相关人员进行约束,严禁未经批准砍伐树木。

3. 关山草原风景名胜区保护措施与建议

(1)设计阶段

建设单位应当严格按照《风景名胜区条例》以及风景名胜区总体规划要求,确保工程建设符合风景名胜区保护要求,将工程建设的影响程度降到最低,促进区域旅游、环境、经济、社会的协调发展。项目道路选择应当与地形地貌有机结合,并且经可能使用已有道路或按照景区规划道路位置进行设计,减少施工对地表的扰动。建设单位要制定合理的施工方案,最大限度减少工程建设对风景名胜区的影响。植被恢复应当充分考虑周边环境条件,尽可能选取本地植被。

(2)施工阶段

①严格按照景区管理部门要求施工,减少工程对植被、地貌的破坏,严格控制施工红线。

②尽可能减少施工场地填挖面积,完工后及时采取植被恢复措施。

③严禁施工便道修筑过程中大开大挖,设置临时排水沟截流周边雨水,减少雨水汇集冲刷作用。

④施工及运营过程中要加强对员工的教育,强化法制教育和制度建设,以"预防为主、保护优先、开发与保护并重"为原则,使风景名胜区的景观资源避免遭受破坏,生态环境能够得到恢复,同时做好景区草场、林木防火、日常巡护等工作。

⑤在风景区内禁止设立取、弃土场,妥善处理工程弃渣。

⑥加强施工机械的管理,防止机械跑、冒、滴、漏现象,减少水质污染。

⑦在施工设备选型时,对本项目使用的机械设备进行详细的评估,选择低污染或低噪声设备,并采取消声、隔音、护板等措施降低噪音。

⑧在靠近居民区施工时,机械设备和工艺操作所产生的噪声不得超过相关标准要求,否则应当采取措施,降低噪音。

⑨严禁焚烧任何废弃物及有毒废料,生活区要求使用清洁能源。

⑩在运输、储存水泥、土石等易飞扬物品时,应当采取覆盖、密封、洒水等措施,防止和减少扬尘。

⑪施工过程中产生的固体废弃物应当做好现场清理工作,不得随意丢弃。

二、植物资源保护措施与建议

1. 设计期

在详细设计中,应选取对植物破坏最小的方案,同时,设计过程中应当对设计位置进行植物资源详查,如发现珍稀植物物种,在设计中应当尽可能采取避让或其他有效保护措施。结合地方生态规划建设要求,对所有临时工程提出植被恢复方案,尽量采取乡土树草种进行植被恢复,从而尽量降低对环境的人为破坏及新增的水土流失危害影响。

2. 施工期

(1)施工过程中,施工单位与林业部门配合,加强对施工人员教育,禁止施工人员随意破坏植被,建议在施工营地内张贴项目区野生保护植物宣传材料。

(2)项目的施工中尽量减少对野生动物生境的破坏,尽可能多的保留林地。

(3)根据现场勘查,项目规划的部分风机机位和道路与现有领春木位置冲突,评价要求在施工前应当在林业主管部门指导下由专业人员进行领春木移栽工作,不得因施工使其种群数量减少。

(4)风机吊装场地应根据地形合理设计,尽量减少对植被资源的破坏。

(5)施工过程中,如果发现珍稀植物物种,特别是国家一、二级保护植物和古树名木,应当立即停止该工段施工,在当地林业主管部门指导下采取避让、移栽等保护措施,避免工程施工对它们造成破坏。

（6）施工结束后，临时占地尽快进行植被恢复。

3. 运营期

（1）应当采取必要的森林防火措施。

（2）制定对项目周边受保护植物物种的长期保护措施。

（3）项目运营初期应当做好临时占地恢复植被的维护保养工作，确保其成活率。

三、动物资源保护措施与建议

1. 总体要求

（1）建议开工前开展充分的法律法规宣传，提高施工人员的保护意识，严格遵守《中华人民共和国野生动物保护法》，严禁在施工区及其周边捕猎野生动物，特别是受到重点保护的秦岭细鳞鲑等，协助当地水行政主管部门、林业主管部门和公安部门加大对乱捕滥杀野生动物和破坏其生态环境的惩治力度。

（2）施工期间加强施工人员的卫生管理，避免生活污水排放，避免水体污染。做好工程完工后的生态环境恢复工作，减少对动物生境的影响。

（3）合理安排施工时段和方式，减少对动物的影响。

2. 对兽类动物保护的主要措施

项目施工期兽类会自动回避，且运营期对项目区域的兽类不会造成阻隔，故不必针对特定兽类动物采取专门的保护措施。建议项目的施工过程中尽量减少对兽类动物生境的破坏，尽可能多的保留林地等动物的栖息地，加强保护意识教育，施工中注意保护野生动物，不捕捉和猎杀野生动物。

3. 对鸟类的主要保护措施

（1）对林地的占用将会直接影响到林栖鸟类的小生境、隐蔽场所和觅食场所，在项目区内占用林地，会使林栖鸟类的种类减少，种群数量下降，因此，应当尽量减少对林地的占用。

（2）鸟类对声响、震动、灯光等干扰极为敏感，因此，在施工过程中应当采取必要的降噪措施，同时，控制灯光使用，特别是在鸟类的繁殖季节以及大多数鸟类觅食地晨昏时段。

（3）在运营期应当加强风机周围鸟类活动的观测，采取必要措施避免或减少对风机运行对鸟类可能造成的伤害。

4. 对水生动物的主要保护措施

（1）在施工过程中，对水生动物生活的溪流等水体采取最严格的避让措施，严禁任何施工活动和施工设备进入水体保护范围。

（2）施工中要有保护动物的专门规定，设置保护动物的告示牌、警告牌等，并安排专门人员负责动物保护的监督和管理工作。

（3）严禁施工过程中向水体排放任何生产、生活污水。

四、景观环境保护措施与建议

景观生态保护措施主要体现在施工结束后的恢复措施，即通过加强土地整理、植被恢复等措施，扩大绿化面积，增加斑块之间的连通性，维护景观系统的自组织能力和稳定性，缓解工程建设产生的廊道效应和景观异质性。

五、水土保持措施与建议

1. 措施布置原则

根据本项目区地形和工程施工特点,以及水土流失预测结果、防治分区,确定水土流失防治措施布设遵循以下原则:

(1)结合工程实际和项目区水土流失现状,因地制宜、因害设防、防治结合、全面布局、科学配置。采用以工程措施、植物措施与临时措施相结合的防治体系。

(2)防治措施布设要与主体工程密切配合,相互协调,形成整体。

(3)注重吸收当地水土保持的成功经验,借鉴国内外先进技术。

(4)在工程项目建设中注重生态环境保护,设置临时性防护措施,减少施工过程中造成的人为扰动及产生的废弃渣。

(5)工程措施要尽量选用当地材料,做到技术上可靠,经济上合理。

(6)植物措施要尽量选用适合当地的品种,并考虑绿化美化效果。

2. 防治措施总体布局

(1)风机及箱变施工防治区

设计采取的措施:

①施工前对施工场地进行表土剥离,所剥离表土临时堆存于吊装场地四角,对临时剥离土方进行苫盖拦挡和临时排水;

②施工期间对开挖临时堆土和施工面进行拦挡、苫盖、排水防护和洒水防尘;

③施工结束后,对临时施工场地和吊装场地进行表土回填、土地平整和复垦绿化。

(2)升压站防治区

设计采取的措施:

①施工前对拟绿化场地进行表土剥离,所剥离表土临时堆存于绿化场地一侧,对临时剥离土方进行苫盖拦挡和临时排水;

②施工期间对开挖临时堆土和施工面进行苫盖和拦挡防护;

③修建站场内外排水系统和集水设施;

④施工结束后,对站内空地、道路两侧进行整地绿化。

(4)集电线路防治区

设计采取的措施:

①对施工场地进行表土剥离,所剥离表土临时堆存于场地一侧;

②施工期间对临时开挖土方进行临时苫盖和洒水防尘;

③施工结束后,对临时占地进行土地平整和复垦绿化。

(4)施工生产生活防治区

设计采取的措施:

①施工前对施工场地进行表土剥离,所剥离表土临时堆存于施工生产生活区四角,对临时剥离土方进行苫盖、拦挡、洒水防尘、临时排水和蓄水;

②施工期间加强对场地内苫盖、拦挡和排水防护措施;

③施工结束后,拉走建筑垃圾至关山管委会的垃圾处理站,对施工临时占地回填表土,平整土地和复垦。

（5）道路工程防治区

设计采取措施：

①施工期间加强洒水措施，对临时堆土进行临时苫盖；

②修建道路截排水、集水设施和坡面排水设施；

③进行道路边坡和道路两侧绿化。

六、其他生态环境保护措施和建议

（1）调查评价由于工程建设带来的绿地损失，并进行补偿设计，以恢复、优化原有自然环境和绿地占用水平。

（2）临时占地等生态恢复措施所选用的物种应当采取当地常见物种，不宜选用外来物种。

（3）由于当地海拔较高，植被自然生长速度缓慢，建议将临时占地表层植被与表层土一同在路边进行保养，施工结束后用于临时占地植被恢复，减少土地裸露时间。

（4）外来土方不应选取表层土，在进入施工场地前必须充分晾晒，尽可能去除其中的植物种子，减少外来物种入侵风险。

（5）项目建设过程中须由有资质的环境监理机构和环境监理人员全程参与，环境监理应严格落实评价中提出的各项生态保护措施，并在必要时提出更严格措施，最大限度保护生态环境。

8.10 生态评价结论

国华宝鸡陇县关山风电场49.5MW工程项目所在区域生态系统较脆弱，在施工阶段不可避免的将会对沿线的土壤、植被等生态环境造成一定影响，工程在施工和运营期间，在认真落实环境影响报告中的各项生态保护措施的前提下，可使原地貌的水土流失得到很大程度上的缓解，使项目区的生态环境将会得到明显改善。综上所述，本工程的建设对周围生态环境影响较小。

参考文献

[1]喻媖,张俊华,刘胜祥,等.生态影响与非污染生态影响两个导则对比研究[J].环境科学与技术,2012,35(9):155-157

[2]国家环境保护总局发布.生态环境状况评价技术规范(试行)(HJ/T192-2006)(2006-03-09发布,2006-05-01实施).中国环境出版社

[3]梁学功,赵海珍.强化生态影响评价提高环境评价质量:《环境影响评价技术导则生态影响》解读[J].环境保护,2011,15(1):8-11

[4]Larry W Canter Environment Impact Assessment[M].Mc-Graw-Hill Inc.1996.

[5]徐鹤,贾纯荣,朱坦,等.生态影响评价中生境评价方法[J].城市环境与城市生态,1999,12(6):50-53

[6]Altieri M A.Agroecology:The science of natural resourcemanagement for poor farmers in marginal environments[J].Agriculture Ecosystems & Environment,2002,93(1/3):1-24

[7]De Schutter O.Report submitted by Special Rapporteur on the right to food(GE 10-17849)[M].New York:United Nation A/HRC/16/49,2010

[8]黄宝荣,欧阳志云,郑华,等.生态系统完整性内涵及评价方法研究综述[J].应用生态学报,2006,17(11):2196-2202.

[9]毛文永著.生态环境影响评价概论修订版[M].中国环境科学出版社,2003年6月第1版.

[10]骆世明.生态农业的景观规划、循环设计及生物关系重建[J].中国生态农业学报,2008,16(4):805-809.

[11]高奇,师学义,张琛,等.县域农业生态环境质量动态评价及预测[J].农业工程学报,2014,30(5):228-237

[12]吴琼,王如松,李宏卿,等.生态城市指标体系与评价方法[J].生态学报,2005,25(8):2090-2095.

[13]Mortberg U M,Balfors B,Knol W C.Landscape ecological assessment:A tool for integrating biodiversity issues in strategic environmental assessment and planning.Journal of Environmental Management,2007,82:457-470.

[14]Pickett S T A,Cadenasso M L,Grove J M,et al.Urban Ecological Systems:Linking Terrestrial ecological,Physical,and Socioeconomic Components of Metropolitan Areas.Annual Review of Ecology and Systematics,2001,32:127-157.

[15]刘芳.城市生态环境基础状况的遥感质量评价方法及模型研究[D].山东科技大学,2007.

[16]王平,马立平,李开.南京市城市生态环境质量评价体系[J].生态学杂志,2006,25(1):

60－63

[17]万本太,王文杰,崔书红,等.城市生态环境质量评价方法[J].生态学报,2009,29(3):
1068－1073

[18]林宗浩.环境影响评价法制研究[M].北京:中国法制出版社,2011.

[19]Louis R. A Riparian Wildlife Habitat Evaluation Scheme Developed Using GIS[J]. Environment management,2001,28(5):639:654

[20]刘佳.湿地保护中的环境影响评价制度研究[D].广西大学,2013

[21]Rapport D J. Sustainability science:an ecohealth erspective. Sustainability Science,
2007,2(1):77－84

[22]Alvarez-Mieles G,Irvine K,van Griensven A,Arias-Hidalgo M,Torres A,Mynett A E.
Relationships between aquatic biotic communities and water quality in a tropical river-
wetland system (Ecuador). Environmental Science & Policy,2013,5(3):1－13

[23]赫晓慧,郑东东,郭恒亮,等.郑州黄河湿地自然保护区植物物种多样性对人类活动的响应
[J].湿地科学,2014,12(4):459－463

[24]叶慕亚.鄱阳湖典型湿地生态环境脆弱性评价[D].江西师范大学,2006

[25]刘芳芳.基于CVM的三江平原湿地生态价值评价及影响因素分析[D].东北农业大
学,2012

[26]张伟.青海湖流域湿地生态环境质量现状评价[D].青海师范大学,2012

[27]瘳丹霞.洞庭湖湿地生态环境演变及其对候鸟栖息地的影响研究[D].湖南师范大
学,2014

[28]吕宪国,刘吉平,殷书柏.湿地生态系统管理:人与湿地和谐共处[J].中国绿色时报,2005.
11.4

[29]罗天祥.中国主要森林类型生物生产力格局及其数学模型[D].北京:中国科学院研究生
院(国家计划委员会自然资源综合考察委员会),1996

[30]朴世龙,方精云,郭庆华.1982－1999年我国植被净第一性生产力及其时空变化[J].北
京大学学报:自然科学版,2001,37(4):563－569

[31]Dixon R K,Brown S,Houghton R A,et al. Carbon pools and flux of global forest eco-
systems[J]. Science,1994,263(5144):185－190

[32]余超,王斌,刘华,等.中国森林植被净生产量及平均生产力动态变化分析[J].林业科学研
究,2014,27(4):542－550

[33]刘方,王世杰,刘元生,等.喀斯特石漠化过程土壤质量变化及生态环境影响评价[J].生
态学报,2005,55(3):639－644.

[34]李小梅,张江山,王菲凤.生态旅游项目的环境影响评价方法(EIA)与实践[J].生态学杂
志,2005,24(9):1110－1114.

[35]王楠楠,章锦河,刘泽华,等.九寨沟自然保护区旅游生态系统能值分析[J].2013,32(3):
2346－2356

[36]赵勇强.基于GSI的害虫发生影响因素分析及森林生态环境质量评价[D].河北农业大
学,2005

[37]王志强,崔爱花,缪建群,等.淡水湖泊生态系统退化驱动因子及修复技术研究进展[J].生

态学报,2017,37(18):DOI:10.5846/stxb20160628 1269

[38]叶春,李春华,吴蕾,等.湖滨带生态退化及其与人类活动的相互作用[J].环境科学研究,2015,28(3):401－407.

[39]肖小雨,龙婉婉,柳正葳,等.吉安地区典型景观湖泊浮游植物群落特征及其与水环境因子的关系[J].生态学杂志,2016,35(4):934－941.

[40]刘园园,陈光杰,施海彬,等.星云湖硅藻群落响应近现代人类活动与气候变化的过程[J].生态学报,2016,36(10):3063－3073

[41]范成新,王春霞.长江中下游湖泊环境地球化学与富营养化[M].北京:科学出版社,2007

[42]胡志新,胡维平,谷孝鸿,等.太湖湖泊生态系统健康评价[J].湖泊科学,2005,17(3):256－262.

[43]尹连庆 ,解莉.生态系统健康评价的研究进展[J].环境科学与管理,2007,32(11):163－167.

[44]任黎,杨金艳,相欣奕.湖泊生态系统健康评价指标体系[J].河海大学学报,2012,40(1):100－103

[45]宋玉芝,薛艳 ,徐建强,等.太湖附泥藻类生物量空间分布及其与环境营养盐的关系[J].环境科学学报,DOI:10.13671/j.hjkxxb.2017.0154

[46]杨燕君,徐沙,刘瑞,等.基于附石藻类生物完整性指数对汝溪河水生态系统健康的评价[J].水生生物学报,2017,41(1):doi:10.7541/2017.29

[47]苏玉,曹晓峰,黄艺.应用底栖动物完整性指数评价滇池流域入湖河流生态系统健康[J].湖泊科学,2013,25(1):91－98

[48]赵臻彦,徐福留,詹巍,等.湖泊生态系统健康定量评价方法[J].生态学报,2005,25(6):1466－1474

[49]尹连庆,解莉.生态系统健康评价的研究进展[J].环境科学与管理,2007,32(11):163－167

[50]廖静秋,黄艺.应用生物完整性指数评价水生态系统健康的研究进展[J].应用生态学报,2013,24(1):295－302.

[51]Wurzbacher C M,Bärlocher F,Grossart H P. Fungi in lake ecosystems[J]. Aquatic Microbial Ecology, 2010,59:125－149

[52]李晴新,冯剑丰,朱琳.生态能质(ecoexergy)在水生生态系统建模和评价中的应用[J].生态学杂志,2011,30(2):376－383.

[53]李玉照,刘永,赵磊,等.浅水湖泊生态系统稳态转换的阈值判定方法[J].生态学报,2013,33(11):3280－3290

[54]张艳会,杨桂山,万荣荣.湖泊水生态系统健康评价指标研究[J].资源科学,2014,36(6):1306－1315

[55]李益敏,朱军,余艳红.基于GIS和几何平均数模型的流域生态安全评估及在各因子中的分异特征[J].2017,24(3):198－205

[56]李娜.基于综合指标的湖泊群连通对水环境生态影响评价[D].华中科技大学,2013

[57]章力建.关于加强我国草原资源保护的思考[J].中国草地学报,2009,31(6):1－7

[58]曹晔,杨玉东.论中国草地资源的现状、原因与持续利用对策[J].草业科学,1999,16(4):

1 - 6

[59]徐斌,刘佳,陈仲新,等.中国草原分布与气候关系及西部草原建设问题[J].中国农业资源与区划,2004,25(4):20 - 22

[60]洪绂曾.中国草业战略研究的必要性和迫切性[J].草地学报,2005,13(1):1 - 4

[61]贾幼陵.草原退化原因分析和草原保护长效机制的建立[J].中国草地学报,2011,33(2):1 - 6

[62]任继周.草原基况(Range condition)[J].国外畜牧学.草原,1982.DOI:10.13817 /j.cnki.cyycp.1982.06.024

[63]Humphrey R R. Fome fundamentals of the classification of rangeland condition [J]. Forestry,1949,43:646 - 647

[64]Dorothy Brown. Methods of surveying and measuring vegetation[J]. Jarrold and sons limited Norwich, 1957,126 - 127.

[65]王栋.草原管理学[M].畜牧兽医图书出版社,1955

[66]任继周,草原 学[M],甘肃农业大学编,北京:农业 出 版 社,1961

[67]甘肃农业大学草原系编.草原工作手册[M].兰州:甘肃人民出版社,1978

[68]章祖同.草场资源评价方法的探讨[J].自然资源,1981,3:13 - 18

[69]任继周.草地资源的属性、结构与健康评价[A].中国草地科学进展:第四届第二次年会暨学术讨论会文集[C].1996 年

[70]郑慧莹,李建东.松嫩平原草原植被分类系统的探讨[J].植物生态学与地植物学学报,1990,14(4):297 - 304

[71]张堰青,周兴民.海北高寒草甸植物群落的数量分类和排序[J].植物生态学与地植物学学报,1991,16(1):37 - 42

[72]何立新,李卫军,许鹏.新疆呼图壁种牛场天然草地类型数量分析研究[J].植物生态学报,1995,19(2):175 - 182

[73]孟林,许鹏,安沙舟,等.新疆北疆荒漠绿洲过渡带草地属性和生产适宜性综合评价的研究[J].草业学报,1997,6(1):27 - 37

[74]苏大学,西藏草地资源的结构与质量评价[J],草地学报,1995,3(2):144 - 151

[75]刘兴元,藏北高寒草地生态系统服务功能及其价值评估与生态补偿机制研究[D],兰州大学,2011

[76]朱文泉,高清竹,段敏捷,等.藏西北高寒草原生态资产价值评估[J].自然资源学报,2011,26(3):419 - 428

[77]顾小华.毛乌素沙地草地资源评价及可持续利用对策[D].北京林业大学,2006

[78]杨霞.对锡林郭勒草原区土地生态状况的评估研究[D].内蒙古农业大学,2010

[79]吴丹.陇县关山草原草地成因与承载力研究[D].西北农林科技大学,2015

[80]韦庆.吉林西部草地生态环境退化驱动因子分析及恢复治理措施研究[D].吉林大学,2004

[81]李浩荡,徐会军,张超超.草原露采环境影响后评价与治理方法[J].辽宁工程技术大学学报:自然科学版,2015,34(3):340 - 343.DOI:10.11956/j.issn. 1008 - 562.2015.03.011

[82]马一丁,付晓,田野.锡林郭勒盟煤电基地开发生态脆弱性评价[J].生态学报,2017,37

(13):1 – 6 DOI:10.5846/stxb201603110433

[83]Bosch O J H. An Intergrative Approach to Rangeland Condition and Capacity Assessment[J]. Journal of Range Management,1992,45:116 – 122

[84]高安社.羊草草原放牧地生态系统健康评价[D].内蒙古农业大学,2005

[85]高琼,郑慧莹.模糊 ISODATA 在草地植物群落分类上的应用[J].植物生态学与地植物学学报,1991,15(4):312 – 317

[86]潘代远,孔令韶,金启宏.新疆呼图壁盐化草甸群落的 DCA、CCA 和 DCCA 分析[J].植物生态学报,1995,19(2):115 – 127

[87]李月芬.吉林西部草原生态环境评价及其专家系统研究[D].吉林大学,2004.

[88]胡秀芳.基于 IGS 的草原生态安全模糊评价研究[D].西北师范大学,2004

[89]李金亚.科尔沁沙地草原沙化时空变化特征遥感监测及驱动力分析[D].中国农业科学院,2014

[90]侯尧宸.基于遥感和牧草饲用价值的高寒草地资源评价方法研究[D].兰州大学,2015 PHam.

[91]宋丽弘.我国草原资源使用权制度探析[J].中国草地学报,2015,27(3):1 – 5

[92]许晴,许中旗,王英舜.禁牧对典型草原生态系统服务功能影响的价值评价[J].草业科学,2012,364 – 369

[93]李惠梅.三江源草地生态保护中牧户的福利变化及补偿研究[D].华中农业大学,2013

[94]张文军,张英俊,孙娟娟,等.退化羊草草原改良研究进展[J].草地学报,2012,20(4):603 – 608

[95]Bai Y,HanX,Wu J,et al.Ecosystem stability and compensatory effects in the inner Mongolia grassland[J].Nature,2004,431(7005):181 – 184

[96]高天明,张瑞强,刘铁军,等.不同灌溉量对退化草地的生态恢复作用[J].中国水利,2011,(9):21 – 23

[97]陈佐忠,汪诗平,王艳芬.内蒙古典型草原生态系统定位研究最新进展[J].植物学进展,2003,20(4):423 – 427

[98]徐瑶.藏北草地退化遥感监测与生态安全评价[D].成都理工大学,2014

[99]都瓦拉.内蒙古草原火灾监测预警及评价研究[D].中国农业科学院,2012.

[100]傅伯杰,陈利顶,王仰麟,等.景观生态学原理及应用[M].北京:科学出版社,2001

[101]李秀珍,布仁仓,常禹,等.景观格局指标对不同景观格局的反应[J].生态学报,2004,24(1):123 – 134

[102]Janez Pimat. Conservation and management of forest patches and corridors in suburban landscapes[J]. Landscape and Urban Planning, 2000,2:135 – 143.

[103]刘宇.景观指数耦合景观格局与土壤侵蚀的有效性[J].生态学报,2017,37(15):DOI:10.5846/ stxb201604280815

[104]傅伯杰,吕一河,陈利顶,等.国际景观生态学研究新进展[J].生态学报,2008,28(2):798 – 807

[105]赵少华,王桥,游代安,等.高分辨率卫星在环境保护领域中的应用[J].国土资源遥感,2015,27(4):1 – 7

[106]陆书玉.环境影响评价[M].北京:高等教育出版社,2001

[107]Louis R. A Riparian Wildlife Habitat Evaluation Scheme Developed UsingGIS[J]. Environmental Management,2001,28(5):639-654

[108]户超,王洪翠,罗阳.P-S-R 模型在海河流域湿地生态安全评价中的应用[J].水资源保护,2012,28(4):38-41

[109]朱卫红,苗承玉,郑小军,等.基于 3S 技术的图们江流域湿地生态安全评价与预警研究[J].生态学报,2014,34(6):1379-1390

[110]李志鹏,杜震洪,张丰,等.基于 GIS 的浙北近海海域生态系统健康评价[J].生态学报,2016,36(24):8183-8193.

[111]叶亚平,刘鲁君.中国省域生态环境质量评价指标体系研究[J].环境科学研究,2000,3(13):33-36

[112]周华荣.新疆生态环境质量评价指标体系研究[J].中国环境科学,2000,20(2):150-153

[113]万本太.中国环境监测总站.中国生态环境质量评价研究[M].北京:中国环境科学出版社:2004

[114]甄霖,王继军,姜志德,等.生态技术评价方法及全球生态治理技术研究[J].生态学报,2016,36(22):7152-7157

[115]中国的能源政策（2012）白皮书.http://www.gov.cn/jrzg/2012-10/24/content_2250377.htm.

[116]石岩.对我国淡水资源可持续利用法律和政策的分析[J].中国环境管理,2011,1:45-46

[117]谭永忠,何巨,岳文泽.全国第二次土地调查前后中国耕地面积变化的空间格局[J].自然资源学报,2017,32(2):186-197

[118]孙鸿烈.我国水土流失问题与防治对策[J].中国水利,2011,6:15

[119]许传德.从连续八次森林资源清查数据看我国森林经营[J].林业经济,2013,4:8-11

[120]刘拓.中国土地沙漠化经济损失评估[J].中国沙漠,2006,26(1):40-46

[121]徐海量,陈亚宁,雷加强.塔里木河下游生态输水对沙漠化逆转的影响[J].中国沙漠,2004,24(2):173-176

[122]马克平,娄治平,苏荣辉.中国科学院生物多样性研究回顾与展望[J].中国科学院院刊,2010,25(6):634-644

[123]蒋志刚,罗振华.物种受威胁状况评估:研究进展和中国的案例[J].生物多样性,2012,20(5):612-622

[124]武晶,刘志.生境破碎化对生物多样性的影响研究综述[J].生态学杂志,2014,33(7):1946-1952

[125]江建平,谢锋,臧春鑫.中国两栖动物受威胁现状评估[J].生物多样性,2016,24(5):588-597

[126]孙东琪,张京祥,朱传.中国生态环境质量变化态势及其空间分异分析[J].地理学报,2012,67(12):1599-1610

[127]洪大用.关于中国环境问题和生态文明建设的新思考[J].探索与争鸣,2013,10:4-10

[128]李博,杨持,林鹏,等.生态学[M].北京:高等教育出版社,2000

[129]徐燕,周华荣.初论我国生态环境质量评价研究进展[J].2003,26(3):166-172

[130]奥德姆(Eugene P. Odum)生态学基础 第五版[M].北京:高等教育出版社,2009

[131]徐祥民.环境法学[M].北京:北京大学出版社,2005

[132]王伯荪,余世孝,彭少麟,等.植物群落学实验手册[M].广州:广东高等教育出版社,1996:100－106

[133]Ш енников АП. Эколо ия Растений . Chinese translation by Wang Wen. Shanghai: Xinnong Press, 1953. 2, 413.

[134]Hobbs R J. Norton D A. Towards a conceptual framework for restoration ecology[J]. Restoration Ecology, 1996, 4(2)：93－110

[135]环境保护部自然生态司.国家生态保护红线—生态功能基线划定技术指南(试行).北京:环境保护部标准,2014

[136]李俊清,崔国发.西北地区天然林保护与退化生态系统恢复理论思考[J].北京林业大学学报,2002,4:1－7

[137]王埃平.黄土高原生态修复与生态环境质量评价研究[D].西安理工大学,2007

[138]彭晚霞,王克林,宋同清,等.喀斯特脆弱生态系统复合退化控制与重建模式[J].生态学报,2008.28(2):811－820

[139]林昌虎,朱安国.贵州喀斯特山区土壤侵蚀与环境变异的研究[J].水土保持学报,2002,16(1):9－12

[140]梁音,张斌,潘贤章,等.南方红壤丘陵区水土流失现状与综合治理对策[J].中国水土保持科学,2008,6(1):22－27

[141]水利部,中国科学院,中国工程院编. 中国水土流失防治与生态安全(南方红壤区卷)[M]. 北京:科学出版社,2010

[142]于伯华,吕昌河.青藏高原高寒区生态脆弱性评价[J].地理研究,2011,30(12):2289－2295

[143]任海,彭少麟,陆宏芳.退化生态系统恢复与恢复生态学[J]. 生态学报,2004,24(8):1760－1768

[144]马世骏.现代生态学透视[M].北京:科技出版社,1990

[145]MURCIA C. Edge EFFECTS in fragmented forests:Implications for conscrvatiion[J]. Trends in Ecology and Evolution. 1995(10):58－62

[146]陈利顶,徐建英,傅伯杰,等.斑块边缘效应的定量评价及其生态学意义[J].生态学报,2004,24(9):1827－1832

[147]Lugo AE. The future of the forest ecosystem rehabilitation in the tropics [J]. Environment, 1988,30(7):17－25

[148]Robinson G R, Handel S N. Forest restoration on a closed landfill: rapid addition of new species by bird dispersal. Conservation Biology, 1991,7: 271－278

[149]Allen MF. Mycorrhiza and rehabilitation of disturbed arid soil processes and practices. Arid Soil Research and Rehabilitation, 1989, 3:229－241

[150] Whisenant S Repairing damaged wildlands. Cambridge Cambridge University Press, 1999

[151]潘占兵,李生宝,董立国.宁南半干旱黄土丘陵区退化生态系统恢复模式[J]. 宁夏农林

科技,2012,53(08):5-8

[152]Aronson J,Li J,E Le Flo ch. Combining biodiversity conservation,management and ecological restoration a new challenge for the arid and semiarid regions of China. in JM ed. Symposium of iternational Conference of Biodiversity Protection and the use of advanced technology[M]. Beijing ScienceTechnology Press,2001. 279-301.

[153]李俊清,崔国发. 西北地区天然林保护与退化生态系统恢复理论思考[J].北京林业大学学报,2000,22(4):1-7

[154]孙智辉,雷延鹏,卓静,等.延安北部丘陵沟壑区退耕还林(草)成效的遥感监测[J].生态学报 2010,30(23):6555-6562

[155]艾庆伟,白小安.辉煌十一五 陕西新跨越写在黄土地上的绿色诗行-延安退耕还林成果正在改变着黄土地和生活在这里的人们 [N].陕西日报,2010 ,007 版

[156]姚容.退耕还林(草)对延安市粮食生产及粮食安全的影响[J].中国农业资源与区划,2012,33(6):18-21

[157]陆书玉主编.环境影响评价[M]. 北京:高等教育出版社,2001

[158]易雨君,程曦,周静.栖息地适宜度评价方法研究进展[J].生态环境学报,2013,22(5):887-893

[159]英晓明,李凌.河道内流量增加方法 IFIM 研究及其应用[J].生态学报,2006,26(5):1567-1573

[160]Larry W. Canter Environment Impact Assessment. Mc-Graw-Hill. Inc. 1996

[161]杨晓宇,吴小萍,冉茂平.图形叠置法在铁路噪声环境影响评价中的应用研究[J].交通环保,2004,2.25(1):15-17

[162]赵焕臣.层次分析法——一种简易的新决策方法[M].北京:科学出版社,1986

[163]史作民,程瑞梅,陈力,等.区域生态系统多样性评价方法[J].农村生态环境,1996,12(2):1-5

[164]方精云,刘国华,徐嵩龄.我国森林植被的生物量和净生产量[J].生态学报,1996,16(5):497-508

[165]黄玫,季劲钧,曹明奎,等.中国区域植被地上与地下生物量模拟[J].生态学报,2006,26(12):4156-4163

[166]邓蕾,上官周平.陕西省天然草地生物量空间分布格局及其影响因素[J].草地学报,2012,20(5):825-835

[167]马长欣,刘建军,康博文,等.1999-2003 年陕西省森林生态系统固碳释氧服务功能价值评估[J].生态学报,2010,30(6):1412-1422